RAL·NEU 研究报告　No.0019

点焊冲击性能测试技术与设备

轧制技术及连轧自动化国家重点实验室
（东北大学）

U0315506

北　京
冶 金 工 业 出 版 社
2015

内 容 简 介

本书以金属薄板点焊接头冲击性能测试为背景,全面阐述了点焊冲击测试技术的主要内容和相关测试设备的研究现状,详细介绍了东北大学轧制技术及连轧自动化国家重点实验室研制的点焊冲击试验机的系统构成、主要功能、技术指标和运行效果,最后给出了本试验机应用的实例。

本书可供汽车、材料和材料连接等领域科学研究和工程技术人员参考。

图书在版编目(CIP)数据

点焊冲击性能测试技术与设备/轧制技术及连轧自动化国家重点
实验室(东北大学)著 . —北京:冶金工业出版社,2015.10
(RAL·NEU 研究报告)
ISBN 978-7-5024-7050-0

Ⅰ. ① 点…　Ⅱ. ① 轧…　Ⅲ. ① 点焊—冲击试验—测试技术
② 点焊—冲击试验—测试设备　Ⅳ. ① TG453

中国版本图书馆 CIP 数据核字(2015)第 222118 号

出 版 人　谭学余
地　　　址　北京市东城区嵩祝院北巷 39 号　邮编　100009　电话　(010)64027926
网　　　址　www. cnmip. com. cn　电子信箱　yjcbs@ cnmip. com. cn
策　　划　任静波　责任编辑　卢　敏　李培禄　美术编辑　彭子赫
版式设计　孙跃红　责任校对　卿文春　责任印制　牛晓波
ISBN 978-7-5024-7050-0
冶金工业出版社出版发行;各地新华书店经销;三河市双峰印刷装订有限公司印刷
2015 年 10 月第 1 版,2015 年 10 月第 1 次印刷
169mm×239mm;6 印张;91 千字;82 页
37. 00 元
冶金工业出版社　投稿电话　(010)64027932　投稿信箱　tougao@cnmip. com. cn
冶金工业出版社营销中心　电话　(010)64044283　传真　(010)64027893
冶金书店　地址　北京市东四西大街 46 号(100010)　电话　(010)65289081(兼传真)
冶金工业出版社天猫旗舰店　yjgycbs. tmall. com
　　　　　　　　(本书如有印装质量问题,本社营销中心负责退换)

研究项目概述

1. 研究项目背景与立题依据

点焊是汽车构件连接的重要方法，据统计，普通乘用车上电阻焊焊点的数量有 2000 ~ 5000 个。汽车的安全性一方面取决于汽车零部件材料的强度；另一方面还取决于零件之间连接的强度，就电阻点焊的连接工艺而言，即是焊点的强度。由于汽车的碰撞发生在高速行驶过程中，因此点焊的动态强度较静态强度而言，对提高车身的抗碰撞性能更有意义。过去，汽车用钢多为低碳钢，点焊工艺相对较为成熟。随着先进高强钢在汽车制造中的应用，出现了一系列新的问题需要深入研究，如高强钢与高强钢、高强钢与低碳钢的点焊工艺问题，高强钢在点焊热循环过程中焊核及热影响区材料的组织性能演变及其对焊点强度的影响问题，焊点或焊接构件动静态力学性能评价问题等。而高强度钢多用作汽车安全件，这类构件多在汽车承受冲击时发挥作用，同时一些高强度钢构件还承受疲劳载荷的作用，因此其点焊的连接方式必然对其疲劳寿命和冲击时的构件吸能有明显的影响。这一方面需要优化高强度钢的点焊工艺；另一方面也需要用一种新的评价方法、评价参量来评价先进高强度钢点焊后的服役响应特性。

长期以来，点焊质量通常用剪切拉伸、十字拉伸、拉伸剥离等静态拉伸试验方法进行测量。采用冲击法测量焊点的动态强度，近年来国外才有报道，而目前国内不仅没有相应的测试设备，也鲜有相关研究的报道。通过点焊的冲击实验可以获得焊点断裂的模式、承载能力、冲击吸收功和变形等信息，为汽车零部件乃至整个车身的抗碰撞性能评价提供基础数据。可以说，点焊的冲击强度已成为汽车行业评价安全性的重要指标。

我国的汽车工业正在扩大使用高强度钢和超高强度钢，对高强度钢点焊技术和性能的研究也刚刚起步，缺乏高强度钢材料点焊动态性能的原始的、第一手的数据，也缺少相关的行业标准，这对我国汽车行业轻量化进程、提高汽车的碰撞性能都带来了不利的影响，因此，迫切需要开展相关领域的研究。而开展相关的研究工作，考察各种基材性能、焊接工艺、载荷性质等对点焊的动态力学性能的影响规律，必须要有相应的研究设备。目前，国内还没有专门用于点焊冲击性能试验和评价的设备，因此，开展点焊冲击试验机的研究与开发工作势在必行。

2. 研究进展与成果

（1）国内外研究进展综述：依据现有公开文献，对点焊冲击测试技术和设备的主要研究内容及国内外进展情况进行了详细综述，讨论了各种冲击载荷模式和试样结构特征、焊点破坏模式、主要参数采集测量技术和计算方法、点焊构件冲击测试方法以及点焊冲击测试的关键技术和问题；详细介绍了国内外点焊冲击测试设备的研发现状，评述了现有设备的特点和不足；最后，讨论了点焊冲击测试领域存在的问题以及未来发展的趋势。

（2）点焊冲击试验机的研发：本试验机系统主要由试验机本体、摆锤、冲击夹具、辅助装置、数据采集系统、计算机控制系统构成。其中，本体采用商品化的标准摆锤冲击试验机的本体，其摆锤提升、安全插销、摆锤释放、冲击控制等功能可直接利用。为了适应点焊薄板试样的冲击实验，对标准冲击试验机的摆锤和夹具进行了改造。在本体的摆锤转轴上增加编码器，用于测量摆锤的角度，以实现对试验机的控制以及冲击功的计算。

为了提高点焊冲击实验的测试精度和实验效率，本系统开发了一系列辅助装置，具体包括试样安装夹具、试样焊接夹具以及试样钻孔用的钻模。其中，试样安装夹具用于将焊接后的试样装在冲击夹具上，保证试样安装的位置精度；焊接夹具用于两金属片的点焊，保证点焊试样的长度、搭接区域以及焊点位置的一致性及对称性；试样钻孔用钻模则专门用于试样安装孔的制作。点焊试样都是薄板，制作安装孔存在效率低、精度差的问题，影响冲击测试实验，使用钻模可以高效率、高精度地制作安装孔。

数据采集系统由压电式测力传感器、高分辨率的增量编码器、动态应变仪、高速数据采集卡以及相应的软件开发平台构成。利用测力传感器可以测量冲击过程中的冲击力，通过计算可以得到冲击过程中试样自由端发生的位移，进而得到冲击功。通过冲击力得到的冲击功可以与通过编码器测角度得到的冲击功进行相互对比验证。

计算机控制系统由一台 PC 机、控制板卡、控制电路以及操作盒构成，实现对冲击试验机取摆、退销、冲击、放摆、自动二次取摆、传感器复位等动作的控制。控制系统还包括人机交互界面，可以实现试样信息、焊接工艺信息、实验信息录入，实验结果实时显示和实验数据分析处理、存储等功能。

数据处理系统可以根据测量的冲击力,计算出试样自由端的速度-时间曲线、位移-时间曲线、冲击力-位移曲线、冲击吸收功-时间曲线,给出极限载荷、极限载荷位移、极限载荷吸收功、总位移、总吸收功等参数,并生成实验报表。

（3）低碳钢和 DP980 钢点焊冲击测试实验：利用所研制的点焊冲击试验机，分别对低碳钢和 DP980 材料的点焊试样开展测试实验，以检验测量结果的准确性，评估试验机设计的合理性，发现问题。结果表明，利用应变片测量的弹性应变计算得到的冲击力与测力传感器测量的冲击力相符合，说明两种方法都准确地测量了冲击力，冲击力的测量结果具有可信性。利用冲击力计算的摆锤最大剩余摆角和总冲击吸收功，与实测的摆锤摆角和利用摆角计算的总吸收功具有可比性，进一步证明所测得的冲击力是准确、可靠的，数据处理的各种算法是正确的。针对低碳钢和 DP980 点焊试样的测试结果，反映了峰值载荷、峰值载荷位移、峰值载荷吸收功、总位移以及总吸收功随点焊电流以及焊点破坏模式变化的规律，冲击力波形复合各种点焊接头破坏发生的过程，静态和冲击测试结果对比表现出应变速率效应，说明本试验机的测试结果是合理的，可以用于点焊接头冲击性能评价。所开发的焊接夹具、试样安装夹具、试样安装孔钻模等辅助装置，有效地保证了测试结果的可靠性，减小了数据的分散性，提高了测试效率，降低了测试成本。

3. 论文与专利

论文：

（1）Hua Fu'an, Ma Mingtu, Li Jianping, Wang Guodong. State of the art of impact testers for spot welds[J]. Engineering, 2014, 12(5): 59～66.

（2）花福安，李建平，马鸣图，冯毅. 点焊冲击性能测试技术研究现状[J]. 汽车工艺与材料，2015，2：1～8.

（3）花福安，王信月，李建平，马鸣图，牛文勇，宫传慧，王国栋. 点焊接头冲击试验机的研发与应用[J]. 焊接学报（已录用）.

（4）Feng Yi, Ma Mingtu, Hua Fu'an, Zhang Junping, Song Leifeng, Jin Qingsheng. Study on the resistance spot welding technology of 22MnMoB hot stamping quenched steel[J]. Engineering, 2014, 12(5): 45～53.

专利：

（1）花福安，李建平，牛文勇，孙涛，宫传慧，王国栋. 一种金属薄板点焊接头冲击性能测试装置，2015，中国，201520212997.7.

4. 项目完成人员

主要完成人员	职 称	单 位
王国栋	教授（院士）	东北大学 RAL 国家重点实验室
花福安	副教授	东北大学 RAL 国家重点实验室
马鸣图	教授	中国汽车工程研究院股份有限公司
李建平	教授	东北大学 RAL 国家重点实验室
牛文勇	高工	东北大学 RAL 国家重点实验室
孙 涛	讲师	东北大学 RAL 国家重点实验室
宫传慧	工程师	东北大学 RAL 国家重点实验室
王信月	硕士研究生	东北大学 RAL 国家重点实验室
王伟峰	硕士研究生	东北大学 RAL 国家重点实验室
赵 岩	工程师	中国汽车工程研究院股份有限公司
冯 毅	工程师	中国汽车工程研究院股份有限公司
孙智富	教授	重庆新材料工程中心

5. 报告执笔人

花福安、马鸣图、李建平。

6. 致谢

本研究是在东北大学轧制技术及连轧自动化国家重点实验室王国栋院士的悉心指导下完成的，在此对王国栋院士的指导和帮助表示衷心的感谢！东北大学轧制技术及连轧自动化国家重点实验室、中国汽车工程研究院股份有限公司对本研究也给予了大力支持，中试课题组的各位老师和学生也为本项目提供了大量的帮助，在此一并表示衷心的感谢！

本研究获得国汽（北京）汽车轻量化技术研究院有限公司的资金资助。

目　录

摘　　要

点焊冲击测试是评价点焊接头动态强度的重要方法，焊点的冲击强度是汽车安全性能评价的重要指标。点焊冲击测试技术以及焊点冲击性能评价是汽车制造、电阻点焊和材料研究领域重要的研究内容。本研究综述了点焊冲击性能测试技术和设备的国内外研究状况，分析了该技术领域目前存在的一些问题，研制开发了一台摆锤式点焊拉伸冲击试验机和冲击夹具，以及试样安装夹具、焊接夹具和试样钻模等辅助设备。在试验机的控制和数据采集、处理方面，利用 LabVIEW 图形化软件平台和高速数据采集卡，开发了试验机的逻辑控制软件、人机界面、数据采集系统、数据处理系统和实验报表。上述硬件设备和软件组成了一个完整的测试系统，有效地保证了点焊冲击测试结果的可靠性和可重复性，提高了冲击测试的效率，降低了测试成本，为点焊冲击测试技术的广泛应用奠定了良好的基础。

利用所研制的点焊冲击试验机对低碳钢和 DP980 材料的点焊试样进行了冲击测试实验，得到了不同点焊电流条件下拉伸-剪切冲击的破坏模式、冲击力-时间曲线、峰值载荷、峰值载荷位移、峰值载荷冲击吸收功、总位移、总吸收功等冲击性能评价参数，获得了冲击性能评价参数随点焊电流变化的规律。根据测试数据，详细对比分析了采用不同测量方法所获得的冲击力、摆锤最大剩余摆角以及总冲击吸收功。结果表明，本冲击试验机的设计是合理的，冲击力的测量结果是可靠的，冲击力波形、极限载荷、极限载荷位移、极限载荷吸收功、总吸收功等测量和计算结果能够合理解释点焊接头的破坏行为，基本上反映了冲击性能随点焊电流变化的规律。因此，本试验机可以用于点焊冲击性能测试研究，其测试结果可以用于点焊接头冲击性能的评价。

关键词：电阻点焊；拉伸冲击；动态强度；冲击试验机；冲击载荷；冲击吸收功

1 绪 论

1.1 研究目的及意义

2012 年，中国汽车产销量超过 1900 万辆，总保有量已达到 1.2 亿辆。汽车产量和保有量的增多，带来了严重的能耗和环境问题。汽车轻量化是解决这些问题最直接最有效的方法之一。研究表明，对乘用车，每减重 10%，油耗下降 6% ~ 8%，其排放也相应下降。但汽车轻量化必须以保证安全为前提，因此，各种高强度轻量化材料的应用成为必然。先进高强钢是既能保证轻量化，又能提升汽车安全性的材料，具有性价比高、工艺性能好的特点，发达国家已广泛采用这种材料用于汽车构件的制造。目前在汽车上应用的高强度钢，其抗拉强度最高已达 1500MPa。我国汽车工业在高强钢的应用方面，远远落后于发达国家。

点焊是汽车构件连接的重要方法，据统计，普通乘用车上电阻焊焊点的数量有 2000 ~ 5000 个[1]。汽车的安全性一方面取决于汽车零部件材料的强度，另一方面还取决于零件之间连接的强度，就电阻点焊的连接工艺而言，即是焊点的强度。由于汽车的碰撞发生在高速行驶过程中，因此点焊的动态强度较静态强度而言，对提高车身的抗碰撞性能更有意义。过去，汽车用钢多为低碳钢，点焊工艺相对较为成熟。随着先进高强钢在汽车制造中的应用，出现了一系列新的问题需要深入研究，如高强钢与高强钢、高强钢与低碳钢的点焊工艺问题，高强钢在点焊热循环过程中焊核及热影响区材料的组织性能演变及其对焊点强度的影响问题，焊点或焊接构件动、静态力学性能评价问题等。而高强度钢多用作汽车安全件，这类构件多在汽车承受冲击时发挥作用，同时一些高强度钢构件还承受疲劳载荷的作用，因此其点焊的连接方式必然对其疲劳寿命和冲击时的构件吸能有明显的影响。这一方面需要优化高强度钢的点焊工艺，另一方面也需要用一种新的评价方法、评价参量来评价先进高强度钢点焊后的服役响应特性。

长期以来，焊点强度通常用拉伸剪切、十字拉伸、拉伸剥离等静态试验方法进行测量[1~11]。采用冲击法测量焊点的动态强度，近年来国外才有报道[12~22]，而目前国内不仅没有相应的测试设备，也鲜有相关研究的报道。通过点焊的冲击实验可以获得焊点断裂的模式、承载能力、冲击吸收功和变形位移等信息，为汽车零部件乃至整个车身的抗碰撞性能评价提供基础。可以说，点焊的冲击强度已成为汽车行业评价安全性的重要指标。此外，很多高强度钢构件是承受疲劳载荷的构件，如通过点焊冲击功的测量和焊点疲劳建立起对应关系，通过点焊冲击性能测试预测点焊的疲劳寿命，对于点焊件疲劳性能的评价，将是一个飞跃，由此可以极大地节省焊点疲劳评价的工作量和人力、物力。

我国的汽车工业正在扩大使用高强度钢和超高强度钢，对高强度钢点焊技术和性能的研究也刚刚起步，缺乏高强度钢材料点焊动态性能的原始的、第一手的数据，也缺少相关的行业标准，这对我国汽车行业轻量化进程、提高汽车的碰撞性能都带来了不利的影响，因此，迫切需要开展相关领域的研究。而开展相关的研究工作，考察各种基材性能、焊接工艺、载荷性质等对焊点接头动态力学性能的影响规律，必须要有相应的研究设备。目前，国内还没有专门用于点焊冲击性能试验和评价的设备，因此，开展点焊冲击试验机的研究与开发工作十分必要。

为了研究先进高强钢的点焊工艺，研究点焊工艺对点焊断裂模式、承载能力和吸能性能的影响机理，研究焊点及焊接构件冲击性能评价方法，形成完整的先进高强钢点焊工艺和点焊动态力学性能评价体系，本项目研制了一台点焊冲击试验机，为上述研究工作提供实验手段。

1.2 国内外发展现状与趋势

在先进高强钢材料、焊接工艺和力学性能方面，国内外开展了大量的研究工作。其中，美国的汽车/钢铁联盟（Auto/Steel Partnership，A/S P）

实施了汽车轻量化材料和先进高强钢连接技术等研究计划，这些计划的主要目的是为汽车/钢铁联盟的汽车轻量化项目提供轻量化材料以及先进高强钢的焊接和连接技术，加强先进高强钢焊接的基础性研究工作，建立高强钢焊接质量检验标准以及焊接性能评价标准等。该计划进行了广泛的国际合作，先后开展了先进高强钢点焊、激光焊和气体保护焊工艺技术研究、先进高强钢电阻焊性能研究、温度对先进高强钢焊接冲击性能影响的研究、先进高强钢点焊冲击性能测试和建模等研究工作，取得了一系列重要的研究成果[23~26]。在先进高强钢点焊力学性能、焊点断裂模式、微观组织演变、热影响区软化行为以及点焊力学性能建模等方面，伊朗伊斯兰阿萨德大学[5~9]、法国里昂大学[4]、中国上海交通大学[27,28]、加拿大滑铁卢大学[29,30]等学校的学者也开展了大量研究工作。总体来说，上述工作对点焊性能的研究，主要采用准静态测试手段，而采用动态性能测试研究的相对较少。

在点焊冲击性能测试研究方面，目前采用的主要方法是拉伸-剪切（Tension-Shear）、十字拉伸（Cross Tension）和拉伸剥离（Tension Peel）冲击试验，也有一些研究工作采用复合冲击载荷（Combined Load Impact）。不论采用何种冲击试验方法，所用测试设备均为非标设计，或是对标准冲击试验机进行改造，以适应点焊试样的冲击。由于测试设备对点焊冲击性能测试结果具有决定性的影响，国外在这方面开展了广泛的研究，开发出多种不同类型的试验机，下面对这些设备做一详细综述。

1.2.1 单摆式点焊冲击试验机

最早的点焊冲击性能测试是利用经过改造的标准单摆冲击试验机完成的。其原理是将试样的一端夹持在摆锤上，另一端与一个撞块连接，试验过程中，试样和撞块随摆锤一起落下，直到撞块与调整好的砧铁碰撞，形成对试样的冲击。试样断裂后，摆锤继续摆动到一定的高度。利用摆锤的初始仰角和冲击后的最大摆角，可以计算出冲击功。上述试验方法由于试样、撞块与摆锤一起运动，有以下几个缺点[31]：（1）试样夹持安装不便，难以保证试样与夹具不打滑；（2）冲击力和位移等参数测量困难；（3）只能通过摆锤冲击前后的摆角计算总冲击吸收功，不能得到极限载荷吸收功；（4）摆锤夹具形式固定，难以通过更换摆锤质量改变初始能量。上述问题的存在，使得测试结果的重复性差，数据分散度过大，在实际应用中受到限制。

Bayraktar 和 Kaplan 等人[12~14]对上述测试设备进行了改进，他们将试样和碰撞块固定在机座上，如图 1-1 所示。当双壁摆锤下落与撞块碰撞时，产生冲击力，使试样断裂，完成冲击加载。上述设备的特点是将试样和夹具先进行预安装，然后再一起安装到试验机的底座上，通过更换夹具可以适应薄板试样和圆柱试样。并且试样预安装方式还便于进行低温冲击实验。试验机在摆锤上安装了应变式测力传感器，可以测量冲击力，进而可以计算出冲击力-位移曲线以及冲击吸收功。试验机的冲击能量从最初的 450J，发展到 750~800J。该试验机已在均匀材料、点焊试样和激光焊接试样的拉伸冲击研究中获得了应用，其不足之处是试样尺寸较小，尤其是点焊试样的宽度，最大只有 20mm。

1.2.2 双摆式点焊冲击试验机

由 H. Zhang 等人首先在美国密歇根大学研制，后又在 Toledo 大学进行改进的双摆式点焊冲击试验机[19,25,26]如图 1-2 所示，其冲击测试原理见图 1-3。该试验机有两个摆锤 A 和 B，其中 A 为主动摆锤，提供冲击能量；B 为被动摆锤，用于测量断裂后试样及被动摆锤的能量。试验机采用"Z"型搭接试样，尺寸为 200mm 长、125mm 宽、折边 50mm、折弯角度 60°，测试时试样的一端与被动摆锤连接，另一端与固定夹具连接。测试后可根据主动摆锤的初始仰角和主动摆锤及被动摆锤冲击后的最大摆角按式（1-1）计算总冲击吸收功。试验机采用 4 个 111.5kN 的应变式传感器测量冲击力，通过光纤位移传感器测量冲击过程中的位移，最大量程 17mm，冲击速度为 2.23~6.7m/s，冲击能量在 364~2122J 范围内。该试验机也可以进行高低温冲击实验。

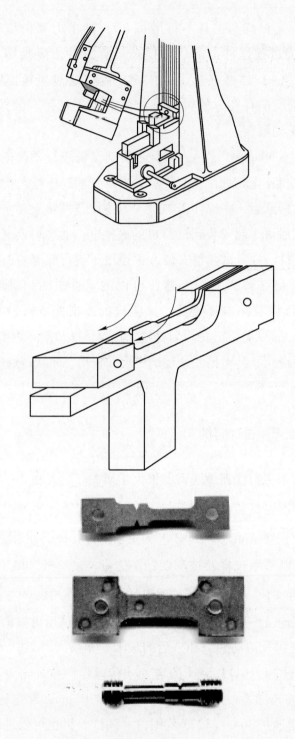

图 1-1　单摆式点焊冲击试验机结构、夹具和试样[12~14]

图 1-2　双摆式点焊冲击试验机[25]

$$E_{specimen} = M_A L_A (1 - \cos\theta_0) - M_A L_A (1 - \cos\theta_A) -$$

$$M_B L_B (1 - \cos\theta_B) - E_{error} \qquad (1\text{-}1)$$

式中　M_A——主动摆锤的质量，kg；

　　　M_B——被动摆锤的质量，kg；

　　　L_A——主动摆锤质心距摆轴的距离，m；

　　　L_B——被动摆锤质心距摆轴的距离，m；

　　　θ_A——主动摆锤冲击后的最大摆角，rad；

　　　θ_B——被动摆锤冲击后的最大摆角，rad；

　　　θ_0——主动摆锤的初始仰角，rad；

　　　E_{error}——因摩擦、风阻等损耗的能量，J。

　　上述点焊冲击试验机的特点有以下几个方面：（1）可以进行拉伸-剪切和拉伸-剥离冲击试验，但不能实现十字拉伸冲击加载；（2）试样冲击断裂后被抛出部分的能量可以通过被动摆锤测量；（3）试验机的自动化程度较低，摆角通过机械指针人工读数记录，摆锤通过外置卷扬机提升；（4）采用四个安

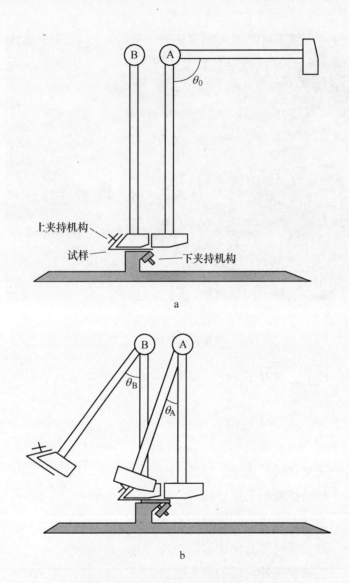

图 1-3 双摆式点焊冲击试验机原理示意图[25]

a—冲击前；b—冲击后

装在冲击夹具下面的传感器测量冲击力，结构复杂，成本高，并且测量的一致性和可靠性会受到影响；（5）根据式（1-1）得到的冲击吸收功是包括点焊接头从开始破坏直至完全断裂整个过程的总吸收功，而对应于最大载荷时刻的吸收功（极限载荷吸收功）则无法给出，实际上，极限载荷吸收功对点焊接头的性能评价更有意义。

1.2.3 落锤式点焊冲击试验机

针对上述点焊冲击试验机存在的问题，美国南卡大学的 Y. J. Chao 等人开发了一台落锤式点焊冲击试验机[16,18]。他们对 Instron 公司的 8140 型落锤式冲击试验机进行了改造，在落锤下面增设了一个冲击叉，设计了适于拉伸-剪切冲击、十字拉伸冲击和复合载荷冲击的夹具。试验机的结构见图1-4，夹具及试样安装形式分别见图1-5 和图1-6。

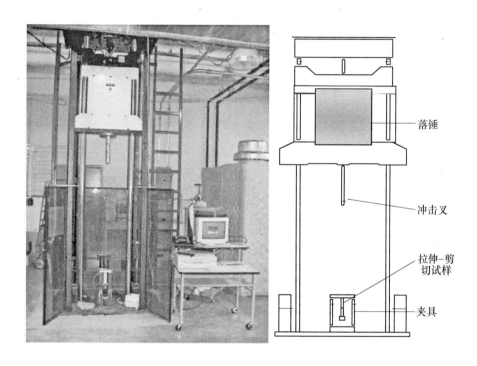

落锤

冲击叉

拉伸-剪切试样

夹具

图 1-4　落锤式点焊冲击试验机[16]

该试验机的落锤质量最小 225kg，最大下落高度 1.6m。采用两个压电式测力传感器进行冲击力的测量，传感器安装在夹具上横梁和支撑立柱之间，作用在夹具下横梁上的冲击力通过试样和夹具上横梁传递到传感器上，实现对冲击力的测量。单个传感器的量程为 90kN，分辨率为 1.3N，响应频率为 40kHz。冲击过程中试样所发生的位移通过测量落锤的位移来得到。

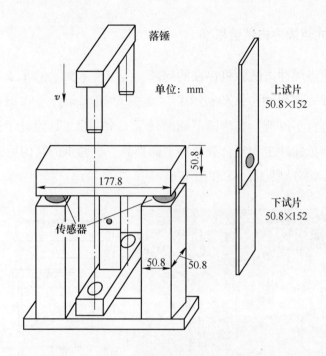

图1-5 拉伸-剪切冲击夹具和试样安装方式[16]

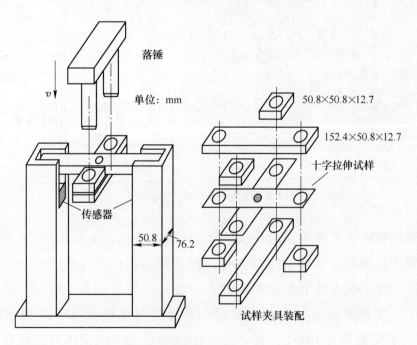

图1-6 十字拉伸冲击夹具和试样安装方式[16]

　　上述试验机实现了多功能测试（拉伸-剪切、十字拉伸、复合载荷），具有传感器和数据采集技术先进、落锤质量大、干扰小、冲击速度可调等优点。其不足之处是夹具下横梁只靠试样与上横梁连接，缺少约束，容易发生载荷不对称现象。

　　图 1-7 是另外一种可用于点焊接头冲击测试的仪器化落锤冲击试验机的示意图[32]。该试验机最初由 Fernie 和 Warrior[33] 通过改造标准落锤试验机

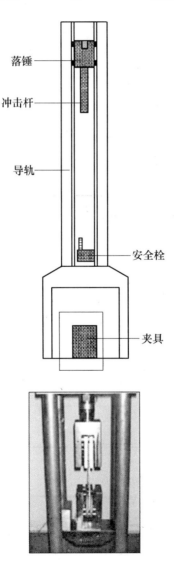

图 1-7　仪器化落锤冲击试验机[32]

Rosand IFW5 而建立，主要目的是测试复合材料在高应变速率条件下的力学性能。其显著特点是具有拉伸、压缩和双轴拉伸加载功能，并且特殊的夹具设计可以在不用辅助垫片的情况下保证试样的同平面几何特性。测力单元与试验机上的夹具连接，用于监测冲击力，相对位移采用磁式传感器测量。落锤下落高度为 2.3m，最大冲击速度为 6.7m/s。

图 1-8 所示是 Den Uijl 等人[34] 设计的落锤式点焊冲击试验夹具。其中，灰色框架是移动夹具，上端承受落锤的冲击，下端与试样连接；白色框架是固定的，上端经过力传感器与试样连接。上述夹具安装在标准落锤冲击试验机上，可以进行拉伸剪切和剥离冲击试验。该试验机的缺点是移动夹具质量大，达 70kg，将产生较大的惯性力。

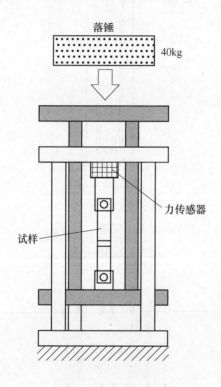

图 1-8　落锤式点焊冲击试验夹具[34]

1.2.4　其他形式的点焊冲击试验机

有一些点焊冲击测试设备还采用了不同于摆锤或落锤的冲击载荷加载原

理。典型的一个例子如图 1-9 所示[35]，点焊试样上端与测力传感器连接，下端与下夹具连接，下夹具中间有一个滑道，当重物连同其上的停止销被加速到一定速度时，停止销碰撞滑道的下端点，实现对试样的冲击加载。上述加载原理与落锤方式类似，但其结构与标准落锤试验机差别较大，测力传感器的安装和夹具结构比较简单，另外一个特点是重物需要加速机构驱动，而落锤加载一般是靠重力驱动。

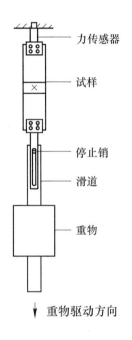

图 1-9　驱动重物加载冲击试验机原理[35]

另一个特殊形式的点焊冲击试验机采用了液压加载方式[22]，其结构和原理如图 1-10 所示，可移动的上夹具与液压驱动机构连接，下夹具与测力传感器连接。采用光学引伸计测量冲击过程中的位移变化。该试验机的特别之处是采用圆片试样，中间点焊，上下夹具均为圆形"鞋跟"状（后文详述），圆片试样分别与上夹具和下夹具在真空环境下烧结在一起，并安装在试验机上。通过改变夹具结合面的倾角，还可以实现复合载荷冲击测试。并且由于夹具和试样质量小，可以忽略惯性力的影响。本试验机的不足之处是冲击速度较小，根据文献［22］报道，最大冲击速度为 1m/s。

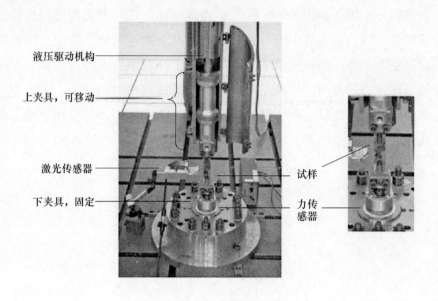

液压驱动机构

上夹具，可移动

激光传感器

下夹具，固定

试样

力传感器

图 1-10　液压驱动加载冲击试验机[22]

　　我国目前还没有专门用于点焊冲击性能测试的设备，相关研发工作亟待开展。

2 焊点冲击性能测试技术

2.1 冲击加载模式和试样结构

　　点焊接头在实际应用中受到复杂载荷的作用，同一个焊点，其抵抗不同载荷的能力是不一样的，表现出不同的静态和动态强度。为了定量地研究焊点的强度，通常将载荷归纳为以下几种典型形式：拉伸-剪切、十字拉伸、拉伸-剥离、U 形拉伸、U 形剪切和复合载荷等。对应不同的载荷形式，测试所用的试样结构也不一样。下面详细介绍各种载荷及其对应试样的特点。

2.1.1 拉伸-剪切

　　拉伸-剪切试样的结构及受力模式如图 2-1a 所示，试样由两片相同尺寸的金属片"一"字搭接构成，在搭接部分的中心进行点焊，将两金属片连接。静态拉伸-剪切测试通常在标准的拉伸试验机上进行，在测试过程中，试样受拉力作用。由于试样金属片有一定的厚度，当处于同一轴线上的拉伸试验机

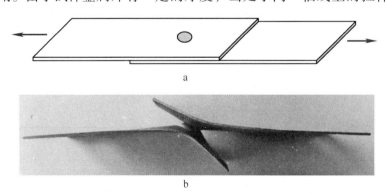

a

b

图 2-1　拉伸-剪切试样的结构及受力模式（a）和试样转动（b）

夹头对试样施加拉力时，导致试样搭接部分发生转动，如图 2-1b 所示，使焊点的受力状态既有垂直于界面的分离力，又有界面内沿拉伸方向的剪切力。拉伸-剪切试样的转动对其承载能力有很大影响。

动态拉伸-剪切冲击测试需要在专用的试验机上进行，测试时，试样的一端固定，另一端与一个活动夹具（或称活动夹头、钳口）牢固相连，利用摆锤或落锤冲击活动夹具，对试样施加冲击力，将焊点冲断。动态拉伸-剪切过程中试样搭接部分同样存在转动，焊点同时受到分离冲击力和剪切冲击力的作用。

在动态拉伸-剪切测试中，需要测量的数据有极限载荷、极限载荷位移、冲击吸收功、冲击力-时间曲线、位移-时间曲线、冲击力-位移曲线等。此外，还需要测量焊点的直径，记录焊点的断裂模式。利用上述信息，可以对焊点的动态强度、热影响区的性能、母材性能以及焊接工艺进行评价。

2.1.2 十字拉伸

十字拉伸试样结构及受力状态如图 2-2 所示，整个试样由两片相同尺寸的金属片十字交叉叠放在一起构成，中间通过一个焊点连接。

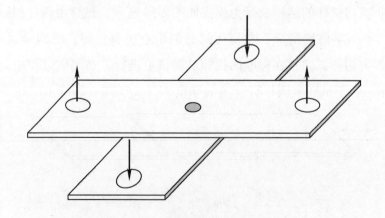

图 2-2 十字拉伸试样结构及受力状态示意图

十字拉伸冲击测试需要特制的夹具和测试设备才能进行，图 2-3 是静态十字拉伸试样和夹具的实物照片[20]。冲击测试试样与静态相同，但夹具需要特殊设计，尤其是夹具质量大小，需要认真考虑，以减小惯性力的影响。十字拉伸冲击测试过程中，测试设备对试样施加分离冲击力，使焊点断裂，测量相关参数，借以评价焊点在分离力作用下的动态强度性能。一般情况下，对同一种材料和相同的点焊工艺，十字拉伸冲击的极限载荷要小于拉伸-剪切，这说明焊点对不同形式载荷的承载能力是不一样的。

图 2-3　静态十字拉伸试样和夹具实物照片[20]

2.1.3　拉伸-剥离

拉伸-剥离也是点焊试样经常遇到的受力状态，其试样结构和受力状态如

图 2-4 所示。拉伸-剥离测试中试样在拉伸冲击力的作用下，焊点非对称地被拉断。这种受力模式与 U 形拉伸的对称受力不同，试样弯曲的影响更大，试验的结果与试样结构形式和尺寸关系密切。拉伸-剥离实验同样需要专用夹具和测试设备。

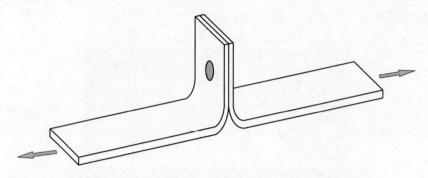

图 2-4   拉伸-剥离试样结构和受力状态

2.1.4　U 形拉伸

U 形拉伸与十字拉伸相似，试样均受正拉力的作用，其测量结果与十字拉伸也相同或相近。只是 U 形拉伸试样是由两个 U 形金属片背对背点焊制成，如图 2-5a 所示。在 U 形拉伸冲击过程中，U 形试样的底部不可避免地要发生弯曲，尺寸不同，弯曲的程度不同，对测试结果有一定影响。

2.1.5　U 形剪切

这种冲击测试的试样与 U 形拉伸相同，但夹具的设计要保证试样受纯剪切力的作用而破坏。由于试样基材在实验过程中不可避免地发生变形，保证纯剪切力比较困难，因此这种加载方法在实际测试中也很少采用。图 2-5b 是纯剪切冲击实验的试样结构和受力示意图。

2.1.6　复合载荷

焊点在实际工况条件下通常受到复合载荷的作用，有分离力、剪切力、弯曲和扭转力矩等。因此，采用复合载荷进行点焊冲击测试，更有实用价值。

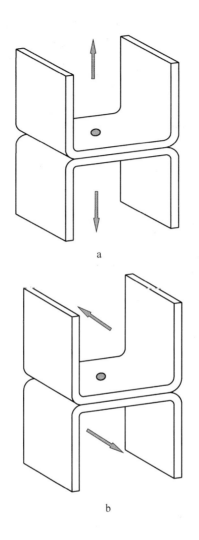

图 2-5　U 形拉伸和 U 形剪切试样结构和受力示意图

a—U 形拉伸；b—U 形剪切

复合载荷通常是指包含纯拉力、纯剪切力及拉力和剪切力组合的载荷。为了精确研究点焊试样在复合载荷作用下的动态性能，研究人员提出了各种复合载荷加载方法和夹具结构。Arcan 等[36]最早用复合载荷模式研究复合材料的破坏行为，因此这种测试方法被称为 Arcan 测试。其主要测试原理及夹具结构如图 2-6 所示[37]，通过改变 α 角可以改变拉伸力与剪切力的比值，实现复合载荷加载。上述方法经改造后可以用于点焊复合载荷冲击测试。

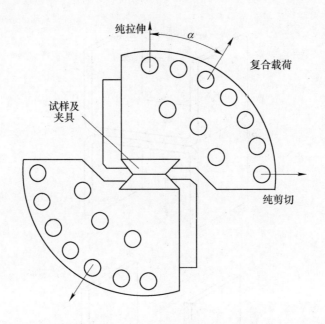

图 2-6 Arcan 复合载荷测试原理及夹具结构[37]

2.2 点焊接头的冲击破坏模式

点焊接头冲击破坏模式主要有四种。第一种为界面分离（interfacial failure），即焊核沿两金属片的结合面分离（图 2-7a）；第二种是焊核拔出（pull out failure），即破坏沿焊核周围的热影响区发生，焊核保持连接并被完整地从某一金属片中拔出（图 2-7b）；第三种是基材撕裂（图 2-7c），即焊核被拔出并连带周边基材被撕裂（tearing of base metal）；第四种是焊点还可能发生部分界面分离破坏（partial interfacial failure），即破坏开始时沿结合面分离，然后沿垂直于结合面的方向发展，最终断裂面贯穿焊核及其两侧的基材（图 2-7d）。

焊点的破坏模式直接与焊点的承载能力和冲击吸收功有关，是定性评价点焊质量的重要指标。一般情况下，发生焊核拔出或基材撕裂破坏比界面分离破坏需要更大的载荷，同时，发生焊核拔出和基材撕裂破坏时，焊核周围的材料也发生较大的塑性变形，结果导致破坏吸收的冲击功也相对较大。图 2-8 所示为各种破坏模式下的载荷-位移曲线示意图，反映出不同破坏模式下焊点的承载

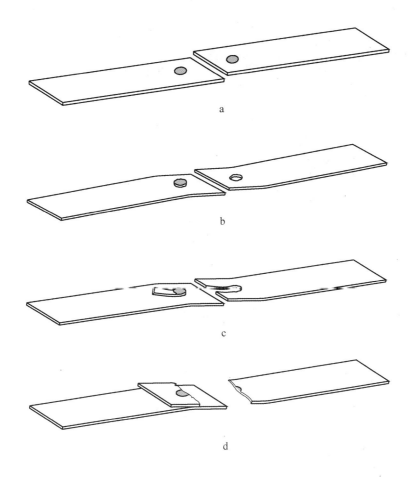

图 2-7 · 点焊接头破坏模式示意图

a—界面分离；b—焊核拔出；c—基材撕裂；d—部分界面分离

能力和变形行为。在汽车制造工程中，希望的焊点破坏模式是焊核拔出。

影响焊点破坏模式的因素主要有焊核直径、基材特性和热影响区的性能。通常情况下，焊核直径大发生焊核拔出和基材撕裂破坏的可能性更大，而焊核直径小则更容易发生界面分离破坏。对于高强钢材料，点焊过程中，焊核和热影响区的组织中容易形成马氏体，导致高强钢材料的焊点更容易发生界面分离破坏。而对于基材强度较低的材料，则发生焊核拔出和基材撕裂破坏的几率更大。因此，针对不同的基材，需采用合理的点焊工艺，以保证焊点不发生界面分离破坏。

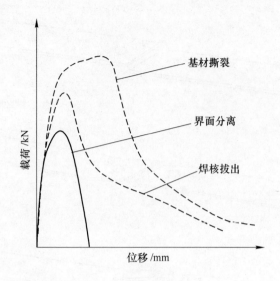

图 2-8 焊点破坏模式对应的载荷-位移示意图

2.3 点焊冲击测试的主要参数及其测量

2.3.1 主要参数

与静态测试不同，动态测试不仅要提供材料或结构的承载能力、变形行为等数据，还要提供吸能性能参数。就点焊冲击测试而言，需要测量的参数主要有冲击载荷-时间曲线、峰值载荷、位移-时间曲线、峰值载荷位移、冲击载荷-位移曲线、冲击吸收功和冲击速率等。此外，焊点的破坏模式也是测试的一项重要内容。上述信息可以反映点焊接头的冲击性能，揭示点焊接头的破坏机理，对评价材料的焊接性能和点焊工艺也具有重要的参考价值。由于冲击过程通常是在瞬间完成的，并且存在惯性效应、弹性波震荡等干扰因素，因此准确测量点焊冲击性能参数比较困难，对测试技术和设备的要求较高。图 2-9 是静态拉伸-剪切实验得到的载荷-位移曲线示意图[31]，图中说明了极限载荷、极限载荷位移和冲击吸收功的定义。上述参数的定义同样适合冲击测试。实际拉伸-剪切冲击实验的载荷-位移曲线见图2-10[18]。

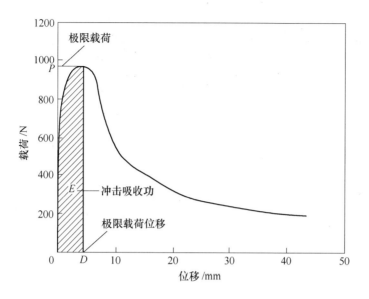

图 2-9　静态拉伸-剪切载荷-位移曲线示意图[31]

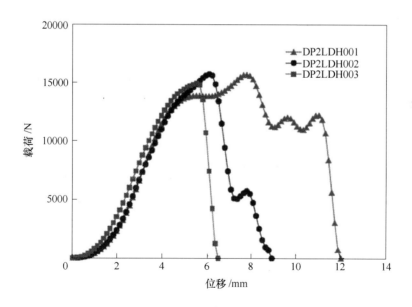

图 2-10　实际拉伸-剪切载荷-位移曲线[18]

下面是点焊冲击测试实验中需要测量的主要参数：

（1）极限载荷。焊点冲击过程中点焊接头所能承受的最大冲击力，是焊点动态强度最重要的评价指标。同一种材料，相同焊接工艺，如果冲击载荷的形式不同，则得到的极限载荷也不相同，这反映出点焊接头承受不同性质载荷的差异。

（2）极限载荷位移。点焊接头承受的载荷达到极限载荷时测试试样自由端所发生的位移，表征了点焊接头和点焊构件的韧性。极限载荷位移不仅与点焊强度有关，还与基材的性质有关。点焊接头连接强度越高，基材强度越低，则极限载荷位移越大。

（3）冲击吸收功。冲击吸收功是指冲击过程中点焊接头发生破坏时所吸收的能量，其数值等于冲击力-位移曲线在极限载荷之前所围成的面积。冲击吸收功是衡量点焊构件碰撞性能的重要指标。焊点强度越高，极限载荷及极限载荷位移越大，则冲击吸收功也越大。

（4）冲击速度。冲击速度是指冲击力施加瞬间摆锤或落锤质心的线速度，它决定了冲击的能量，也决定了冲击过程中点焊接头的变形速率。由于材料都具有一定的应变速率效应，因此，冲击速度对点焊接头的冲击性能测试结果有很大影响。

（5）冲击力-时间曲线。冲击力-时间曲线记录了冲击过程中冲击力随时间变化的情况，借此可以推导位移随时间变化的情况，进而求出冲击吸收功。

（6）位移-时间曲线。位移-时间曲线记录了冲击过程中试样自由端的位移随时间变化的情况，该位移可以直接采用位移传感器测量，也可以通过冲击力-时间曲线导出。

（7）冲击力-位移曲线。冲击力-位移曲线反映了冲击过程中冲击力和试样自由端位移的关系，它可以通过冲击力和位移的测量直接给出，也可以通过冲击力-时间曲线导出。

2.3.2 数据测量技术

2.3.2.1 冲击力

冲击力是冲击过程中作用在点焊接头上的外力，该力在短时间内（几毫秒或零点几毫秒）发生急剧变化，其峰值定义为点焊冲击测试的峰值载荷

（或破坏载荷），是表征点焊接头动态强度最重要的指标之一，反映了点焊接头的承载能力。冲击力测量时需考虑以下几方面问题：

（1）系统响应频率。由于冲击过程持续时间非常短暂，因此要求测量系统必须具有足够快的响应频率。由试样、夹具和传感器组成的测量系统的响应频率为[38]：

$$f_n = \frac{1}{2\pi}\sqrt{\frac{k}{m}} \qquad (2-1)$$

式中　f_n——系统响应频率，Hz；

　　　m——系统等效质量，kg；

　　　k——系统等效刚度，N/m。

该频率一般远低于测力传感器的固有频率。为了提高测试系统的响应频率，应当选择刚度大、固有频率高的传感器，并尽量减小夹具的质量，提高夹具的刚度[20]。

另外，测量系统还要避免出现共振现象。为了获得精确的冲击力信号，测量系统的响应时间要远小于冲击载荷持续的时间，通常应确保响应时间不超过冲击持续时间的1/10[20]。

（2）惯性力的影响。冲击测试过程中传感器测得的冲击载荷值与实际载荷存在一定的误差，"惯性效应"是造成该误差的一个重要原因[16,39]。通常情况下冲击载荷通过试样和夹具传递到测力传感器上，试样和夹具具有一定的质量，冲击过程中这一质量在极短的时间内经历剧烈的速度变化，产生惯性力，该惯性力与实际冲击载荷一起作用在传感器上，导致传感器的测量值与实际冲击载荷不符。为减小惯性效应影响，应尽量减小夹具质量，提高夹具和传感器本身及相互之间连接的刚度。Chao 等[16]系统研究了落锤冲击测试过程中惯性效应的影响。由图 2-11 可知，惯性力基本贯穿整个测试过程。为识别和消除惯性力，可采用加速度计测量试验过程中夹具、试样及其他组件等在冲击载荷作用下产生的加速度，并换算成惯性力，对测力传感器的测量值进行修正。

（3）传感器的标定。测力传感器需要进行定期标定，以保证其精度。

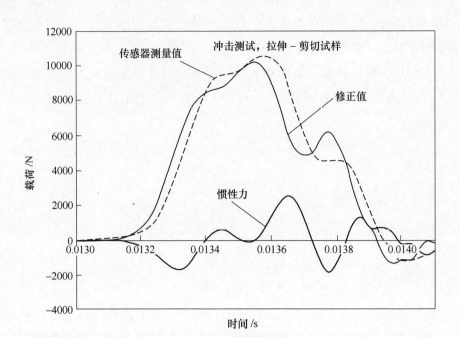

图 2-11　拉伸-剪切载荷及惯性力修正[16]

测力传感器的静态标定方法简单易行，然而冲击试验机冲击载荷的加载速率（弹性阶段）高达 180000kN/s[40]，静态标定的传感器能否满足动态测量的要求需要深入研究。根据文献［40］，单脉冲载荷的加载速率达到 3000kN/s 时，应变式测力传感器的响应与静态加载时的响应差别不大。但是针对更高加载速率的响应以及包含试样和夹具的整个测量系统动态响应的研究尚不充分。

2.3.2.2　位移

点焊冲击性能测试中的位移定义为测试试样的自由端在冲击载荷的作用下所发生的位移。其中，冲击载荷达到最大值时的位移称为极限载荷位移，该位移是焊核及其周围基材变形的结果，是综合表征焊点和基材韧性与吸能特性的重要指标。位移测量通常采用非接触式光纤或激光传感器，对传感器响应频率和分辨率要求较高。

位移也可利用冲击力-时间曲线通过计算获得。以摆锤冲击为例，冲击过程中摆锤的角速度随时间的变化满足刚体冲量矩定律：

$$I_0\omega_t - I_0\omega_0 = -l_p\int_0^t F\mathrm{d}t \tag{2-2}$$

式中　F——冲击力，N；

　　　I_0——摆锤相对转轴的转动惯量，$kg \cdot m^2$；

　　　l_p——撞击中心距摆轴距离，m；

　　　ω_0——冲击瞬间摆锤角速度，rad/s；

　　　t——时间，s；

　　　ω_t——t 时刻摆锤的角速度，rad/s。

t 时刻撞击中心点处的线速度和线位移分别为：

$$v_t = l_p\omega_t \tag{2-3}$$

$$s_t = \int_0^t v_t\mathrm{d}t \tag{2-4}$$

式中　v_t——t 时刻撞击中心的线速度，m/s；

　　　s_t——t 时刻撞击中心的线位移，m。

由式（2-2）~式（2-4）可求出冲击过程中摆锤撞击中心的位移随时间变化的曲线。假设冲击过程中撞击中心与活动夹具始终保持接触，则撞击中心的位移与活动夹具的位移相同，也是与活动夹具相连接的试样自由端的位移。

2.3.2.3　冲击速度

点焊冲击测试过程中的冲击速度是指冲击开始前一瞬间摆锤或落锤质心的线速度，该速度决定了点焊接头冲击破坏时的变形速率。针对不同材料，在不同载荷模式下进行的冲击试验结果表明[15]，有些材料的冲击峰值载荷随冲击速度（或应变速率）的增加而显著增加，而有些材料则无明显变化。与十字拉伸相比，拉伸-剪切冲击的破坏载荷对冲击速度更敏感。此外，冲击速度对焊点的断裂模式也有一定影响，原本在静态拉伸时发生熔核拔出破坏的焊点在高速冲击拉伸时也可能会发生界面分离破坏。总之，冲击速度对点焊冲击测试结果有复杂的影响，在评价点焊冲击强度时必须考虑冲击速度因素。冲击速度通常采用光电编码器或非接触式速度传感器进行测量。

2.3.2.4 冲击吸收功

点焊冲击吸收功是指在冲击载荷作用下使焊点发生断裂破坏所需要的功。对摆锤冲击而言，只能计算出总的吸收功，即摆锤冲击前的初始势能与冲击后的剩余势能之差。

根据冲击吸收功的定义，吸收功可通过冲击力-位移曲线进行积分获得：

$$W = \int_0^{s_p} F \mathrm{d}s \tag{2-5}$$

采用这种计算方法，吸收功是指峰值载荷之前的曲线所包含的面积，如图 2-9 所示。这里需要指出的是，采用摆锤摆角的方法计算吸收功，包含了从冲击开始直至焊点完全断裂分离整个过程所做的功。而采用冲击力-位移曲线计算冲击吸收功，则吸收功的定义只包含了最大冲击力之前所做的功，之后冲击力迅速下降，但使焊点继续破坏仍需做功，这部分功并未计算在内。如果将积分进行到焊点完全断裂分离时刻（此时冲击力为零），则上述两种方法得到的吸收功应当具有可比性。另外，点焊冲击吸收功不仅包括破坏焊点所需的功，还包括焊点周围材料的变形功，并且，载荷模式、冲击速度等对吸收功也有很大影响。因此，在评价点焊的吸能性能时，必须综合考虑试样基材的强度和尺寸（厚度、宽度等）、冲击速度、载荷模式等因素的影响，不能简单以吸收功的大小作为唯一的标准。

2.3.2.5 数据采集和处理

冲击试验机各种传感器采集的数据通过高速数据采集卡存储到计算机中，利用数据处理软件进行分析计算，完成冲击试验机的数据采集处理和输出。数据采集卡要求具有模拟量输入、数字量输入和输出以及计数器功能，采样频率至少要在 100kHz 以上，并且要求具有多通道同步采集功能。数据采集卡的数字量输入和输出功能可以参与试验机的控制，实现人机界面操作控制。

2.4 点焊构件冲击测试技术

多焊点构件在冲击载荷作用下其承载、变形和吸能响应是由材料性能、结构尺寸、焊点强度和位置分布所决定的。对点焊构件进行冲击测试可分析和评价材料性能，构件设计的合理性，承载、吸能、变形特性，并可以对模拟计算的结果进行验证，其测试结果比单焊点测试更有实用价值。点焊构件冲击测试通常采用开口或闭口帽形（单帽或双帽）构件，如图 2-12 所示，利用落锤冲击试验机或专用的冲击试验设备对构件进行轴向或三点弯曲加载[41~43]，加载速度通常在 10m/s 左右，与汽车碰撞试验速度相当。冲击过程中记录冲击力和位移曲线，并采用高速摄影技术记录冲击变形过程，计算冲击吸收功。

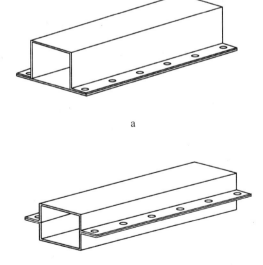

a

b

图 2-12　冲击测试点焊构件结构示意图[41]

a—单帽形；b—双帽形

采用计算机模拟方法研究点焊构件或整个车身的冲击性能是当前的一个热点，这需要建立起合理的构件或车身冲击性能测试与评价准则和模型，并将包含应变速率的单焊点的冲击破坏准则纳入到该模型中。上述研究工作既需要通过单焊点冲击测试获取必要的基础数据，又需要通过对点焊构件进行冲击试验进行验证，而目前针对构件点焊冲击性能测试的方法还较为单一，与实际构件的工况情况间存在较大差异，局限性强。因此，在这方面还需做大量的研究工作。

2.5 点焊冲击性能测试技术的关键问题

2.5.1 试样尺寸

根据点焊接头静态测试研究的结果，试样长度和重叠尺寸对测试结果的影响较小，一般情况下长度大于150mm、搭接长度等于试样宽度均可满足测试要求。而试样的宽度和厚度则对测试结果有较大影响。随着宽度和厚度尺寸的增加，试样的刚度增大，拉伸过程中焊点转动减小，分离力分量减小，最终表现为承载能力增加。若宽度太小，拉伸过程中基材的变形较大，影响极限载荷位移，进而影响吸收功。此外，太窄的试样还可能发生基材断裂，使焊点强度无法评估。试样宽度的确定原则是：当宽度进一步增加时，最大载荷或吸收功不再发生较大变化的最小宽度为最佳试样宽度。对拉伸剥离测试，焊点距试样长边的距离也对位移和吸收功的测量结果产生影响。目前，国内外在试样尺寸方面尚无统一标准。

2.5.2 试样变形

在冲击测试过程中，被测试样焊点周围的材料会发生一定的塑性变形。如上文所述拉伸-剪切试验中发生的转动，导致焊点受到垂直于界面的分离力和平行于界面的剪切力的作用。分离力和剪切力分量的相对大小对焊点的破坏模式有很大影响。试样厚度和宽度不同，基材强度不同，则转动的角度不同，最终测量得到的冲击强度也会有所不同。试样变形在不同载荷形式的冲击试验中均存在。针对这一问题，研究人员提出了多种方法加以解决。

为减小试样变形对冲击测试结果的影响，Ha 等人[44]设计了图 2-13a 所示的封闭式夹具，通过夹具对焊接部位上下面施加约束，避免试样发生转动。A/SP 的一个研究项目提出了另外一种约束拉伸的方法来减小试样转动的影响[26]，如图 2-13b 所示，该夹具有一块背板和两块约束板，拉伸-剪切试样放在具有合适间隙和润滑条件的背板和约束板之间，使试样的转动受到限制。利用约束夹具进行拉伸实验，发现最大载荷和吸收功均有所增加。采用折边试样提高刚度[45,46]，是减小测试过程中试样变形的另外一种方法，如图 2-14 所示。Song 和 Huh[10]采用了增加背板的方法，减小十字拉伸试样的变形，如图 2-15 所示，具有一定厚度的背板中间开一个孔，十字拉伸试样的两个金属

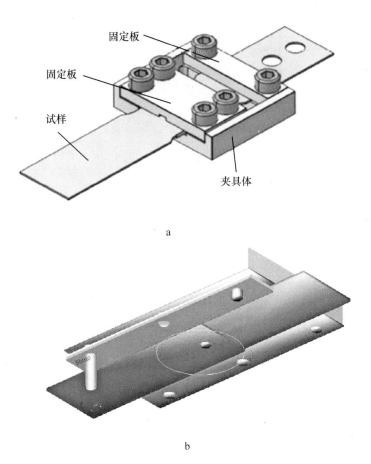

a

b

图 2-13　拉伸剪切防转动夹具[26,44]

a—防转动夹具 1；b—防转动夹具 2

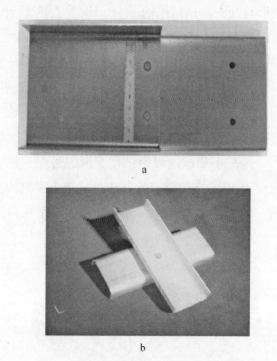

图 2-14 折边试样

a—拉伸-剪切试样[45]；b—十字拉伸试样[46]

图 2-15 背板加强十字拉伸试样[10]

片先分别与背板点焊在一起，然后再通过位于孔中心的焊点连接起来，可有效地减小焊点周围材料的变形。Lin 等人[39]采用了 U 形方杯试样（见图 2-16）研究了焊点在复合载荷作用下的静态和动态强度问题。与一般 U 形试样相比，方杯试样变形明显减小，并且焊点周围的塑性应变也比较均匀。总之，试样的变形对点焊冲击测试结果的影响非常复杂，是导致测试结果分散性大、重复性差的重要因素。如何有效减小试样变形，并建立相应的点焊冲击试样和夹具设计标准是亟需解决的问题。

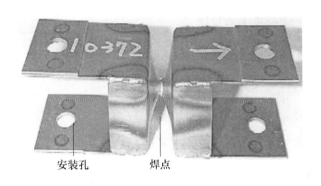

安装孔   焊点

图 2-16   U 形方杯试样[39]

2.5.3 复合载荷加载方法

对试样施加复合载荷，使冲击试验中焊点的受力状态更加符合实际情况，并建立复合载荷条件下焊点的动态强度及破坏准则模型，是当前点焊动态性能研究的热点。复合载荷冲击试验的关键在于载荷的施加方法，既要保证载荷可调可控，又要减小夹具的质量，减小试样变形，降低试样装夹的复杂程度，以保证测试的精度，提高效率。Langrand 和 Markiewicz[22]提出了一种改进型点焊 Arcan 测试方法，如图 2-17 所示。该方法的原理是将两圆形金属片在圆心处点焊在一起，然后与上下夹具在真空环境下烧结连接，烧结连接的强度大于点焊的强度，不同的拉力/剪切力比通过改变夹具斜面的角度实现。该方法的特点是夹具简单，质量小，测试过程中试样变形小；不足之处是需要真空烧结，工艺复杂。

Lin 等人采用方杯试样[39]和特殊设计的夹具，在 Bendix 冲击试验机

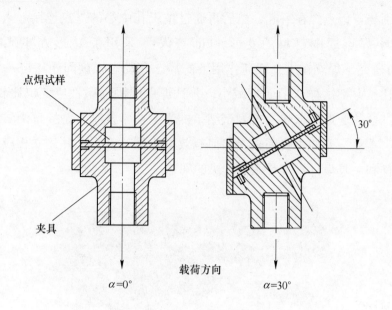

点焊试样

夹具

载荷方向

$\alpha=0°$

30°

$\alpha=30°$

图 2-17　圆片试样复合载荷冲击夹具[22]

（一种水平配置气动驱动冲击试验机）上进行了复合载荷冲击试验。夹具结构如图 2-18 所示，其分离力和剪切力之比通过改变 ϕ 角进行控制。该夹具的不足之处是移动部分包含一个质量较大的框架，惯性力的影响较大。

美国南卡大学的研究小组提出了点焊复合载荷冲击测试方法[18]。他们将两片特殊设计的金属片点焊在一起（见图 2-19a），安装在特殊设计的夹具上（见图 2-19b），使试样受到的分离力和剪切力保持一定角度，同时还使点焊接头受到一定扭转力矩的作用，进行冲击实验。

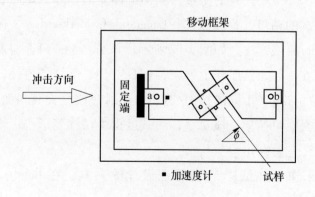

移动框架

冲击方向

固定端

a

b

ϕ

■ 加速度计

试样

图 2-18 方杯试样复合载荷冲击夹具示意图和实物照片[39]

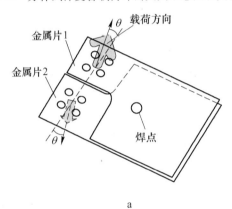

a

b

图 2-19 复合载荷冲击试样结构及专用夹具[18]

a—复合载荷试样；b—复合载荷专用夹具

2.6 点焊冲击测试技术领域存在的问题

2.6.1 测试标准不健全

目前，关于点焊冲击性能测试的标准尚不健全，不统一。比如，不同的组织和研究者在进行拉伸-剪切冲击测试时，所用试样的宽度、长度和搭接尺寸各不相同，冲击速度也不统一，而这些因素对测试结果以及对测试结果的解释有很大影响。又比如，点焊冲击性能测试基本上都采用特殊定制的专用测试设备，其加载方式、数据采集系统的性能以及设备的精度均有很大差别，导致其测试结果也千差万别，不能统一，其结果的应用受到制约。在十字拉伸、拉伸-剥离冲击测试方面，研究工作开展得更少，相关技术标准更加缺乏。因此，建立点焊冲击测试的技术标准、统一测试条件、规范测试设备，是亟待解决的问题。

2.6.2 数据的可靠性和重复性差

影响点焊冲击测试结果的因素众多，如点焊本身的不一致性、点焊试样尺寸和位置的误差、测试时装夹的精度、设备因素、数据采集的精度、数据计算处理方法等。这些因素导致测试结果的可靠性低，尤其是实验结果的重复性差，同一种试样、同一种焊接工艺、同一种冲击载荷，多次实验所得到的数据分散性较大。这是目前阻碍点焊冲击测试技术广泛应用的一个重要原因。

2.6.3 测试效率低，成本高

由于点焊冲击测试的影响因素众多，且由于现有实验设备的自动化程度低，辅助配套设备不完善，因此，实验人员为了提高测试结果的精度和可重复性，不得不在试样的准备、焊接、装夹等环节上耗费大量的时间，进行精细的操作，这极大地降低了测试效率。另外，由于各种影响因素控制得不好，导致实验失败，浪费大量的实验材料和时间，使测试效率降低，成本升高。

目前，点焊冲击实验的效率和成本问题也是限制该技术广泛应用的重要因素之一。

2.6.4　点焊构件测试技术的发展缓慢

目前，点焊冲击性能的研究基本上都是针对单个焊点的试样进行的，而针对由多个焊点组成的点焊构件的研究较少。在实际情况下，对点焊构件强度的影响因素既包括基材本身的性能，又包括点焊的质量，还包括构件形状和尺寸的影响。因此，获得多焊点构件受冲击破坏的实验数据，对评价汽车构件的动态强度具有更直接、更实际的指导价值。

3 点焊冲击试验机的研究与开发

点焊冲击性能对汽车零部件乃至整车的安全性都有重要影响，对冲击性能的测试和评估意义重大。准确测量焊点冲击过程中的冲击力、位移、吸收功、载荷-时间、位移-时间、力-位移曲线等参数需要精确、可靠和高效率的测试设备。目前，国外研发了一些专用点焊冲击试验机，但大都功能单一，专用性强。而国内尚未见类似设备研发和应用的报道。本项目自主研发了一套点焊冲击试验机系统，为冲击性能测试提供手段。下面介绍试验机研发的主要内容和应用效果。

3.1 试验机研制的总体方案

本试验机系统主要由试验机本体、摆锤、冲击夹具、辅助装置、数据采集系统、数据处理系统以及计算机控制系统构成。图3-1是点焊冲击试验机的实物照片。其中，本体采用标准的摆锤冲击试验机，其摆锤提升、安

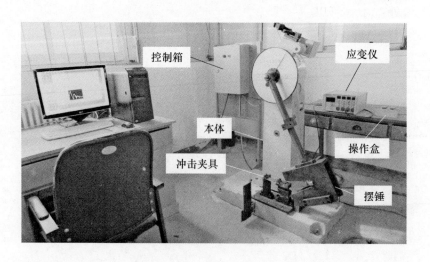

图3-1 点焊冲击试验机

全插销、摆锤释放、冲击控制等功能可直接利用。为了适应点焊薄板试样的冲击实验，将标准的冲击试验机的摆锤和夹具进行改造。在本体的摆锤转轴上增加编码器，用于测量摆锤的角度，实现对试验机的控制以及冲击功的计算。

为了提高点焊冲击实验的测试精度和实验效率，本系统开发了一系列辅助装置，具体包括试样安装夹具、试样焊接夹具以及试样钻孔用的钻模。其中，试样安装夹具用于将焊接后的试样装在冲击夹具上，保证试样安装的位置精度；焊接夹具用于两金属片的点焊，保证点焊试样的长度、搭接区域以及焊点位置的一致性及对称性；试样钻孔用钻模则专门用于试样安装孔的制作。由于点焊试样都是薄板，制作安装孔存在效率低、精度差的问题，影响冲击测试实验，使用钻模可高效率、高精度地制作安装孔。

数据采集系统由压电式测力传感器、高分辨率的增量编码器、应变仪、高速数据采集卡以及相应的软件平台构成。利用测力传感器可以测量冲击过程中的冲击力，通过计算可以得到冲击过程中试样发生的位移，进而得到冲击功。采用应变计测量与固定夹具连接在一起的试样金属片的弹性应变，利用所测弹性应变以及试样金属片的截面面积和材料的弹性模量，可以计算点焊接头在冲击过程中所受到的冲击力。该冲击力可以与测力传感器测量的冲击力进行对比，以验证测量结果的准确性。

数据处理系统可以根据测量的冲击力计算得到撞击中心的速度-时间曲线、试样自由端的位移-时间曲线、冲击力-位移曲线、冲击吸收功-时间曲线以及极限载荷、极限载荷位移、极限载荷吸收功和总吸收功等曲线和参数。

计算机控制系统由一台 PC 机、控制板卡、控制电路以及操作盒构成，实现对冲击试验机取摆、退销、冲击、放摆、自动二次取摆、传感器复位等控制。控制系统还包括人机交互界面，可以实现试样信息、焊接工艺信息、实验信息录入，实验结果实时显示和实验数据分析处理、存储等功能。

3.2　试验机主要技术参数

（1）最大冲击能量：500J；

（2）最大冲击速度：5.09m/s；

（3）初始摆角：150°；

（4）撞击中心：800mm；

（5）编码器分辨率：0.036°；

（6）冲击力测量范围：≤100kN；

（7）测力传感器分辨率：0.01N；

（8）系统采样频率：500kHz。

3.3　试样尺寸和结构

本试验机所用试样可以是拉伸-剪切试样，也可以是拉伸-剥离试样，具体试样结构和尺寸以及实物照片如图 3-2 所示。

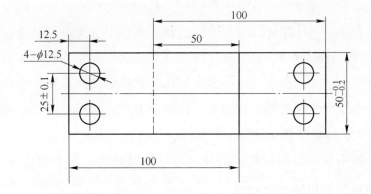

a

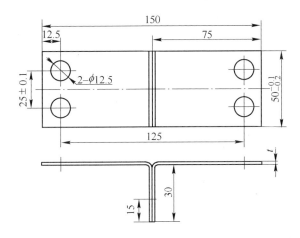

b

图 3-2 试样结构和尺寸

a—拉伸-剪切试样；b—拉伸-剥离试样

3.4 冲击测试实验过程

本试验机的测试和数据采集处理过程如下：

（1）试验机的取摆机构将摆锤举升到初始仰角位置，安全销伸出，防止摆锤意外落下。

（2）将点焊试样与活动夹具在安装夹具上装配在一起，然后再安装到冲击夹具上。

（3）释放安全销。

（4）释放摆锤，当摆锤摆到垂直位置时与冲击夹具的活动钳口发生碰撞，对焊点接头施加拉伸冲击载荷，使焊点破坏。焊点破坏断裂后，摆锤继续摆动至最大剩余摆角位置，然后开始回摆。同时，活动钳口以及与活动钳口相连接的试样金属片、压板和压紧螺栓以一定速度被抛出。

（5）摆锤回摆到一定角度后被取摆机构二次提升到初始仰角位置，等待下一次冲击实验。

（6）冲击过程中测量系统测量并保存焊点所受的冲击力、摆锤摆动角度、角速度和试样金属片的弹性应变。

（7）数据处理系统计算并给出摆锤初始仰角、最大剩余摆角、冲击速度、最大冲击力、最大冲击力对应的试样自由端位移、最大冲击力对应的冲击吸收功、总冲击能量、冲击力-速度曲线、冲击力-位移曲线。

（8）如果停止测试，则放摆机构缓慢释放摆锤到垂直位置。

3.5 摆锤的设计和检验

摆锤的结构和尺寸设计，一方面要与冲击夹具配合，实现点焊试样拉伸-剪切冲击力的施加；另一方面，还要保证撞击中心处于通过摆锤质心和摆轴的直线上，并且摆锤的撞击中心距、质心距离、质量和相对于摆轴的转动惯量满足[47]：

$$l_\mathrm{p} = \frac{I_0}{ml_\mathrm{c}} \qquad\qquad (3\text{-}1)$$

满足上述关系的摆锤可以避免在摆锤转轴上产生冲击力，减少摆锤的振动以及试验机本体机械结构受到的冲击，提高摆锤转轴的精度及其支撑结构寿命，提高冲击力和位移等参数的测量精度。

根据上述设计要求，本试验机的摆锤采用 U 形结构，U 形摆锤的两侧板上开有喇叭形开口，开口底面安装有冲击帽。冲击时，冲击帽与活动夹具发生碰撞，实现冲击加载。为了调整摆锤的质心位置，在摆锤的双侧板上安装了配重块。摆锤的结构和尺寸采用三维 CAD 技术进行设计和优化。摆锤的结构见图 3-3。

摆锤制造完成后，需要实测其撞击中心尺寸是否与设计尺寸一致，下面是具体测量方法[47]。

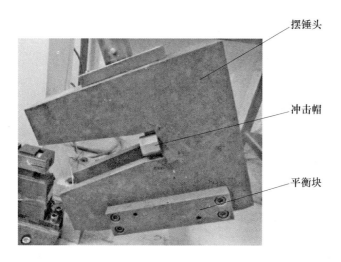

摆锤头

冲击帽

平衡块

图 3-3 摆锤结构

将摆锤安装好后，让摆锤在 $-5° \sim +5°$ 的范围内做自由摆动，记录并计算摆锤的平均摆动周期 T，测量摆动周期时摆锤的摆动次数不少于 50 次。然后根据式（3-2）计算摆锤的撞击中心：

$$l_{p} = \frac{T^2 g}{4\pi^2}$$

(3-2)

式中　l_{p}——摆锤撞击中心距摆轴的距离，m；

T——摆锤摆动周期，s；

g——重力加速度，m/s^2。

3.6　冲击夹具

冲击夹具要求满足以下几个条件：

（1）具有足够大的刚度，以减小冲击过程中产生的弹性变形，降低弹性波对测量的影响，提高冲击力的测量精度。

（2）试样夹紧可靠，冲击过程中试样和夹具不能发生打滑现象。

（3）试样和夹具固定操作简便，位置精确，重复性好。

本试验机系统的冲击夹具就是根据上述技术要求进行设计的。

冲击夹具由固定钳口、活动钳口、压板、压紧螺栓、固定钳口支撑、活动钳口支撑、夹具底板、测力传感器和预紧螺栓组成。点焊试样的一端（自由端）通过一个压板和压紧螺栓与活动钳口连接，试样的另一端（固定端）通过另一个压板和压紧螺栓与固定钳口连接。冲击测试时，摆锤下落到垂直位置（此时摆锤撞击中心的线速度最大，该速度定义为冲击速度），摆锤上的冲击帽与活动钳口的冲击面接触，发生碰撞，实现对试样点焊接头的冲击加载。冲击夹具的结构如图 3-4 所示。为了避免冲击时试样与夹具打滑，在固定钳口、活动钳口和压块上与试样相接触的面上均加工有锯齿形沟槽，以增加摩擦力。试样与活动钳口的安装是在安装夹具上进行的，通过安装夹具来保证试样安装位置的精确性，提高试样的安装效率。安装好的试样连同活动钳口一起被安装在固定钳口上，安装时保证冲击帽与活动钳口的冲击面对称接触。

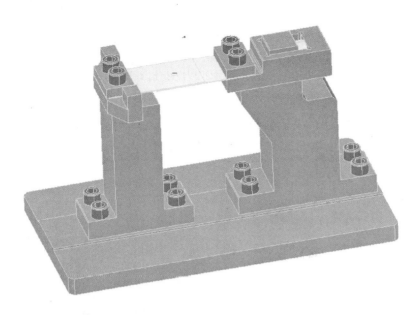

图 3-4　冲击夹具

3.7　辅助装置

本冲击试验机系统的辅助装置包括焊接夹具、安装夹具和试样钻模。

3.7.1 焊接夹具

焊接夹具如图 3-5 所示，在夹具中心开有十字沟槽，沟槽的中心位置与焊机电极重合，保证焊点位置处于试样的中心。同时，利用沟槽边缘对试样定位，也保证了试样长度、搭接长度等尺寸保持一致。焊接拉伸-剪切试样时，利用其中一个沟槽，将两金属片放入沟槽中进行焊接；焊接十字拉伸试样时，将两金属片分别放入两个沟槽中焊接。上述焊接夹具有效地保证了点焊试样尺寸和位置的精确性，提高了试样准备的效率。

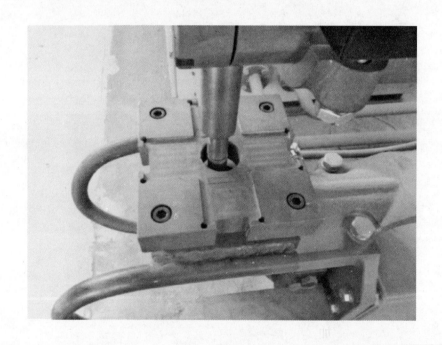

图 3-5　焊接夹具

3.7.2 试样安装夹具

试样安装夹具是为了保证试样与活动钳口安装的位置和尺寸等保持正确和一致，并且提高试样安装的效率。安装夹具的结构如图 3-6 所示，其中，活动钳口放入夹具的定位块之间，用紧定螺钉固定。将试样的一端用压块和螺栓固定在活动钳口上，螺栓拧紧后将试样连同活动钳口一起从安装夹具中取下，即完成了试样与活动钳口的安装。

图3-6 安装夹具

3.7.3 试样钻模

试样钻模主要用于试样安装孔的制作。由于点焊试样均为薄板，在实验室条件下，单片试样加工安装孔，位置精度不易保证，效率较低。为此，本试验机系统设计了一个钻模，可同时将20片试样放在钻模中进行安装孔的加工，安装孔的位置靠钻模保证，精度高，加工效率高。钻模结构见图3-7。

3.8 数据采集、处理和计算机控制系统

本试验机的数据采集系统主要由计算机、测力传感器、增量编码器、应变仪和高速数据采集卡组成。测力传感器为压电式，配独立的电荷发大器。单个传感器的量程为50kN，电荷放大器的频率最大为10kHz。

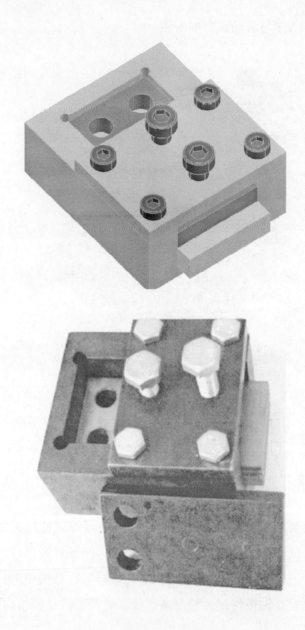

图 3-7 试样钻模

增量编码器用于摆锤摆角和角速度测量。摆角用于吸收功计算及试验机控制,角速度用于计算冲击瞬间冲击速度以及二次自动取摆控制。

采用应变片测量与固定夹具连接的试样金属片弹性应变,再根据金属片截面面积、材料弹性模量计算金属片所受的拉力,该拉力与焊点所受冲击力相同。

数据采集采用 PCI 总线多功能采集卡，最大采样频率为 500kHz，有 8 个模拟输入通道、8 个数字 I/O 通道、2 个计数器。利用数据采集卡将测力传感器、位移传感器、增量编码器的信号采集到计算机中，试验机的各种操作信号则通过采集卡的 I/O 端子输出到控制板上。

数据采集系统和试验机控制系统采用 LabVIEW 图形化软件平台，利用 LabVIEW 编程环境建立人机交互界面，实现参数输入、测量结果显示以及实验报表生成等功能。试验机的取摆、退销、摆锤释放和冲击以及测力传感器复位等操作可以在操作盒上实现，也可以在人机界面上实现。

3.8.1 测力传感器的标定

本试验机采用压电式测力传感器测量冲击力。压电式传感器在力的作用下产生电荷信号，通过电荷放大器输出电压信号。传感器在实际使用时，需要以一定的预紧力进行安装，预紧后传感器的受力与输出电压的关系需要标定。在传感器安装后，标定工作应在线进行。在试验机研制过程中，为了掌握传感器标定方法，了解传感器的力和电压的对应关系，我们对传感器进行了离线标定。离线标定采用标准的拉伸试验机，利用压力加载和力控制模式。具体标定方法如下：

（1）将测力传感器以满量程 20% 的预紧力安装在两个平行金属块之间，连接好电荷放大器、信号电缆以及数据采集卡。

（2）将预紧的传感器放到拉伸试验机上，施加压力载荷。在传感器的量程范围内将压力载荷分成若干个标定值，试验机以力控制方式加载到某个标定压力时立刻卸载。数据采集卡记录传感器输出的电压值。取电压曲线峰值周围若干个采样点的值做平均，得出对应标定压力的电压。

（3）每个标定压力进行三次标定实验，取三次电压峰值的平均值作为最终标定压力对应的传感器电压值。

（4）每次标定前都对传感器进行复位，以释放传感器内残余的电荷。

（5）绘制传感器电压-力曲线，采用线性拟合方法拟合实验数据点，得到传感器电压-力的直线方程，完成传感器标定。

图 3-8 所示是标定的传感器电压-力曲线，图中也给出了拟合曲线的参数。图 3-9 是拉伸试验机加载至 35kN 及卸载时传感器的电压输出曲线。从图 3-8 可以看出，传感器的输出电压和力的关系线性度良好。图 3-9 显示出加载过程中电压输出是波动的，这主要是由于压电传感器刚度大，试验机微小的加载位移会引起巨大的压力波动，为了控制加载过程，拉伸试验机进行力的闭环调节，导致力的波动，传感器的电压也随之波动。

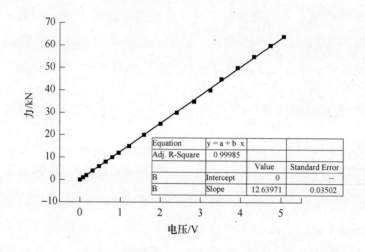

图 3-8　标定的电压-力曲线和拟合曲线参数

传感器标定完成后，利用标准拉伸试验机加载，验证标定的正确性以及误差。图 3-10 所示是拉伸试验机输出的载荷和测力传感器给出的载荷的比较，二者比较一致。图 3-11 所示是二者的误差。可以看出，在加载的初始阶段，力较小，相应的误差较大，当载荷达到 1000N 以后，误差在 4% 以下。

3.8.2　应变测量及冲击力计算

将应变片黏贴在与固定夹具连接的试样金属片上，如图 3-12 所示，冲击过程中金属片发生弹性变形，利用应变片测量该金属片的弹性应变，按式（3-3）计算试样金属片所受的冲击力：

$$F = E\varepsilon S \qquad\qquad (3-3)$$

式中　E——金属片材料的弹性模量，GPa；

　　　ε——弹性应变；

　　　S——金属片的截面面积，m^2。

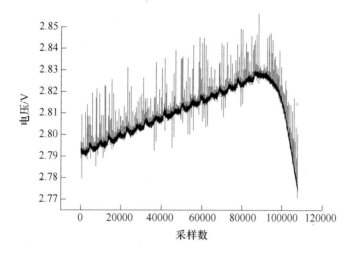

图 3-9　加载至 35kN 及卸载时传感器电压输出曲线

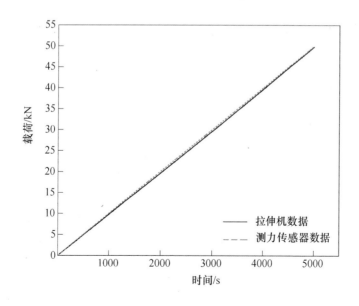

图 3-10　拉伸试验机和测力传感器输出的载荷

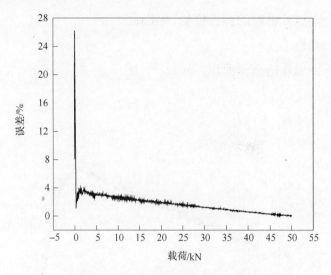

图 3-11　拉伸试验机和测力传感器输出载荷的误差

图 3-12　试样金属片弹性应变测量

3.8.3　人机界面

人机界面是实验数据输入和实验结果输出的桥梁。本试验机人机界面主要包括以下功能：

（1）参数输入。参数输入可以人工输入以下信息：

1）实验名称、实验 ID 号、实验者、日期、时间；

2）试样材质、长度、宽度、厚度；

3）点焊工艺参数，包括加压时间、预热时间、预热电流、冷却时间 1、焊接时间、焊接电流、冷却时间 2、回火时间、回火电流、保持时间；

4）摆锤参数，包括摆锤质量、摆长、撞击中心。

（2）控制操作。控制操作可以完成下列操作控制功能：

1）取摆——将摆锤举到初始位置；

2）退销——退回安全销；

3）冲击——释放摆锤，进行冲击；

4）放摆——控制摆锤回到原始位置；

5）损耗功测试——测量摩擦、风阻等消耗的能量；

6）传感器复位——复位传感器，释放电荷；

7）数据处理——实验完成后，处理实验数据，查看相关图表（打开一个新的页面）；

8）退出系统——实验结束后，退出系统。

（3）数据显示。下列实验结果和信息可以在人机界面上显示：

1）初始仰角——初始位置时摆锤的角度；

2）剩余摆角——冲击后达到的最大摆角；

3）冲击速度——冲击瞬间摆锤撞击中心点的线速度；

4）吸收功1——通过编码器测量角度计算的吸收功；

5）吸收功2——通过测量冲击力计算的吸收功；

6）冲击力-时间曲线；

7）摆锤状态指示——摆锤是否处于初始位置；

8）故障报警提示。

图3-13所示为人机界面截图。

3.8.4 数据处理与报表生成

数据处理系统根据测量得到的冲击力数据，计算试样自由端速度-时间曲线、位移-时间曲线、冲击力-位移曲线、冲击吸收功-时间曲线，给出极限载荷、极限载荷位移、极限载荷吸收功、总吸收功等参数。数据处理系统可选定冲击力-时间曲线上的任意区间进行处理，这样可以方便地选择从冲击开始到冲击结束这一过程。计算完成后，可以保存所有曲线和数据，生成实验报表。

图3-14所示为数据处理与报表系统的界面截图，图3-15所示为各种生成曲线。

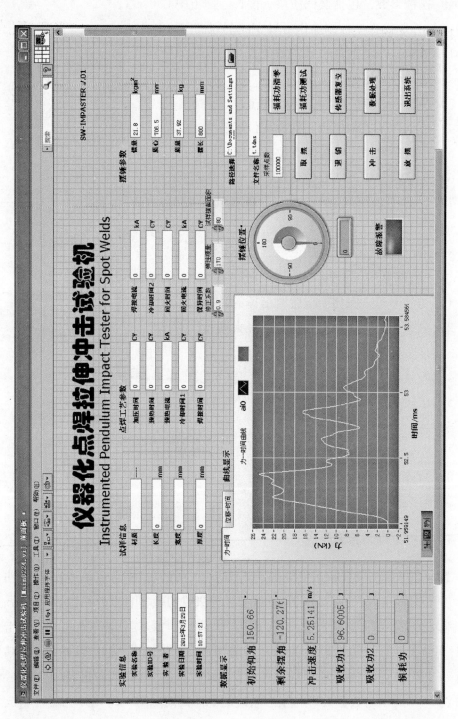

图3-13 人机界面截图

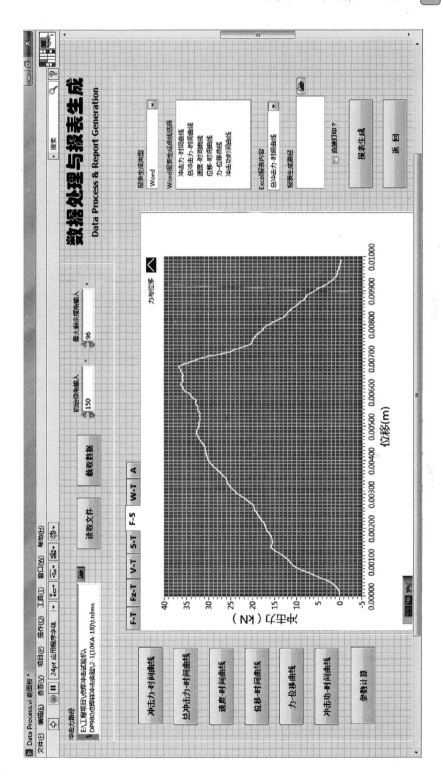

图 3-14 数据处理界面截图

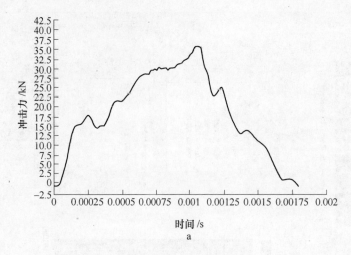

a

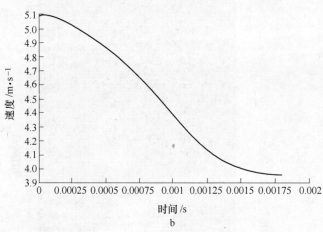

b

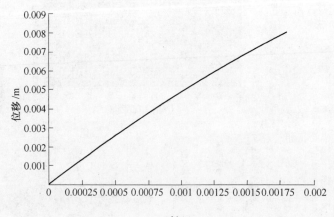

c

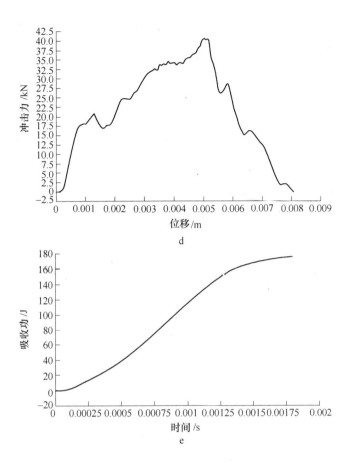

图 3-15　数据处理系统生成的曲线

a—冲击力-时间；b—速度-时间；c—位移-时间；

d—冲击力-位移；e—吸收功-时间

3.9　冲击吸收功的计算

本冲击试验机采用两种方法计算冲击吸收功，一是利用编码器测量的角度进行计算，二是通过测量的冲击力-位移曲线进行积分计算。计算冲击吸收功所用的摆锤参数如图 3-16 所示。

3.9.1　编码器测量角度计算吸收功

利用编码器测量出摆锤的初始仰角 θ_1、冲击后的最大剩余摆角 θ_2（θ_1 和

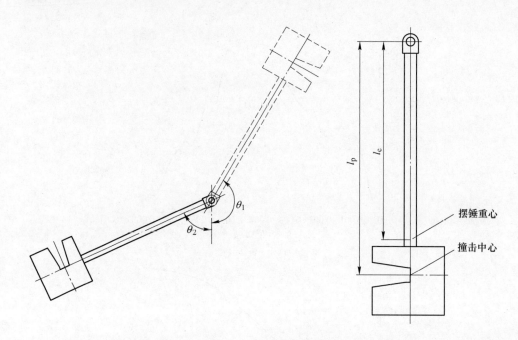

图 3-16 摆锤参数示意图

θ_2 均以垂直线为参考原点），则冲击吸收功为：

$$W = mgl_c(\cos\theta_2 - \cos\theta_1) - W_s \tag{3-4}$$

式中　W——冲击吸收功，J；

　　　l_c——摆锤质心到摆轴的距离，m；

　　　m——摆锤质量，kg；

　　　g——重力加速度，m/s^2；

　　　θ_1——摆锤的初始仰角，rad；

　　　θ_2——冲击后摆锤的最大剩余摆角，rad；

　　　W_s——因摩擦、风阻等损耗的能量，J。

　　因摩擦、风阻等损耗的能量，可以通过试验机空摆测量计算得到，具体方法是不安装试样释放摆锤，得到最大剩余摆角 θ'_2，则能量损耗为：

$$W_s = mgl_c(\cos\theta'_2 - \cos\theta_1) \tag{3-5}$$

3.9.2 传感器测力计算吸收功

此方法将摆锤连同摆杆看作刚体，从初始仰角高度自由落下后与活动夹具碰撞。从撞击开始至试样断裂，摆锤与活动夹具紧密接触并一起运动。在冲击反力的作用下，摆锤的角速度逐渐减小，角速度的变化与摆锤的转动惯量、摆锤撞击中心距和冲击力之间的关系以及撞击中心的速度、位移的计算方法见第 2 章所述。由于采用系统得到的数据是离散的，且采用频率较高，因此可以采用离散算法求出速度、位移和冲击吸收功。例如，根据离散的冲击力可以求出每个采样点时刻的速度值，则两相邻采样时刻摆锤撞击中心的位移增量为：

$$\Delta s = \frac{v_{k-1} + v_k}{2} \Delta t \qquad (3\text{-}6)$$

利用式 (3-6) 即可求出摆锤撞击中心点位移与时间的关系曲线，该曲线也是试样自由端的位移曲线。根据冲击力-时间曲线和位移-时间曲线可以得到冲击力-位移曲线，对该曲线积分即可得到任意时刻的冲击吸收功：

$$W = \int F \mathrm{d}s = \sum_{k=1}^{N} \frac{F_{k-1} + F_k}{2} \Delta s_{k-1} \qquad (3\text{-}7)$$

4 点焊冲击试验机的测量效果

利用上述点焊冲击试验机，分别对低碳钢和DP980材料的点焊试样开展测试实验，以检验测量结果的准确性，评估试验机设计的合理性，发现问题。

4.1 测量实验

按试验机要求的尺寸制作拉伸-剪切点焊试样，对低碳钢材料，还制作了拉伸-剥离试样。试样的点焊采用唐山松下产业机器有限公司的单相交流电阻焊机，型号为YR-500S。低碳钢和DP980试样的点焊工艺分别见表4-1和表4-2。本实验只考察不同点焊电流对焊点冲击性能的影响，因此，电极压力、焊接时间、保持时间等参数不变。点焊后对焊点的组织进行金相和SEM观察，测量熔核直径。为了对比静态和冲击条件下点焊接头的承载能力，还对DP980试样进行了静态拉伸测试。为了考察点焊接头冲击性能的变化规律以及测试数据的可重复性和分散性，对低碳钢材料，每组点焊工艺各制作4个试样，进行4次冲击测试。

表 4-1 低碳钢点焊工艺

序 号	电极压力 /kN	预压时间 /cyc	上升时间 /cyc	焊接电流 /kA	焊接时间 /cyc	保持时间 /cyc
1	4	40	2	9	18	20
2	4	40	2	10	18	20
3	4	40	2	11	18	20
4	4	40	2	12	18	20
5	4	40	2	13	18	20

表 4-2　DP980 点焊工艺

序　号	电极压力 /kN	预压时间 /cyc	上升时间 /cyc	焊接电流 /kA	焊接时间 /cyc	保持时间 /cyc
1	5.5	40	2	8	18	20
2	5.5	40	2	9	18	20
3	5.5	40	2	10	18	20
4	5.5	40	2	11	18	20
5	5.5	40	2	12	18	20
6	5.5	40	2	13	18	20

　　试样准备完成后，按测试流程进行点焊冲击实验，每个试样冲击后，记录断裂模式和冲击力、摆锤最大剩余摆角等原始数据，进行数据处理，生成实验报表。

4.2　测试结果

　　本部分的讨论以低碳钢的测试结果为主，也包括一部分 DP980 试样的测试结果。表 4-3 为低碳钢试样拉伸-剪切冲击测试的数据，具体包括峰值载荷、峰值载荷位移、断裂后总位移、峰值载荷冲击吸收功、利用冲击力计算的总吸收功、利用摆角计算的总吸收功、实测摆锤最大剩余摆角、根据冲击力计算的最大剩余摆角以及点焊接头破坏模式。下面对上述测试结果进行详细分析。

表 4-3　低碳钢试样拉伸-剪切冲击测试数据

序号	电流 /kA	峰值载荷 /kN	峰值载荷位移 /mm	断裂后总位移 /mm	峰值载荷吸收功 /J	总吸收功（力）/J	总吸收功（角度）/J	实测摆角 /(°)	计算摆角 /(°)	破坏模式	备注
1	9	13.242	2.813	6.63	22.45	37.47	40.57	133	138	IF	

序号	电流 /kA	峰值载荷 /kN	峰值载荷位移 /mm	断裂后总位移 /mm	峰值载荷吸收功 /J	总吸收功（力）/J	总吸收功（角度）/J	实测摆角 /(°)	计算摆角 /(°)	破坏模式	备注
2	9	11.462	1.058	5.7	5.5	24.83	30.53	136	141.69	IF	
3	9	11.535	1.439	5.83	10.39	27.12	33.79	135	140.94	IF	
4	9	11.087	0.897	4.98	4.5	14.45	20.187	139.29	144.94	IF	
5	10	18.753	3.451	6.59	41.72	64.17	62.12	127	130.87	IF	
6	10	20.367	4.264	39.25	58.84	167.24	145.25	107	108.38	BT(O)	热影响区外
7	10	16.826	3.028	6.73	33.12	52.68	51.14	130	133.85	IF	
8	10	13.872	2.514	6.32	22.68	41.9	44.03	132	136.75	IF	
9	11	22.997	5	40.25	75.29	188.6	163.34	103	104.21	BT(O)	热影响区外
10	11	20.688	4.4981	7.42	62.34	91.24	81.49	122	124.44	PF(I)	热影响区内
11	11	21.46	4.782	8.96	62.65	116.19	105.98	116	118.92	PF(O)	热影响区外
12	11	19.533	3.913	7.78	51.48	86.06	93.25	119	125.65	PF(I)	热影响区内
13	12	23.978	4.557	48.5	72.53	206.24	177.14	100	100.68	BT(O)	热影响区外
14	12	23.839	4.848	61.7	73.79	244.66	192.15	96.84	93.43	BT(O)	试样打滑，热影响区外
15	12	23.619	4.664	47.8	74.035	209.037	184.32	98.424	100.35	BT(O)	热影响区外
16	12	23.044	4.924	59.2	71.65	231.74	216.49	91.476	95.92	BT(O)	热影响区外
17	13	23.418	6.273	10.05	104.68	146.278	140.51	108	112.32	PF(O)	热影响区外
18	13	23.839	4.94	61.8	73.79	244.66	216.49	91.512	93.43	BT(O)	热影响区外
19	13	24.349	4.461	8.8	77.42	134.386	123.06	112	115.058	PF(O)	热影响区外
20	13	23.913	4.44	52.5	72.28	220.043	195.55	96	98.07	BT(O)	热影响区外

4.2.1 点焊接头的破坏模式

低碳钢点焊接头受拉伸-剪切载荷冲击后的破坏模式有三种，分别为界面分离、焊核拔出和基材撕裂。进一步研究破坏模式发现，焊核拔出破坏部位有些在焊核与热影响区结合处（图4-1b，以下称热影响区内焊核拔出），有些则发生在热影响区与基材结合处（图4-1c，以下称热影响区外焊核拔出）。发生基材撕裂破坏时，焊核首先被双拔出，并且破坏位置均在热影响区与基材结合处；然后，两金属片均发生撕裂；最后，其中一个金属片上被撕裂的部分与该金属片完全分离，完成焊点破坏过程。几种典型点焊接头破坏模式的照片如图4-1所示。

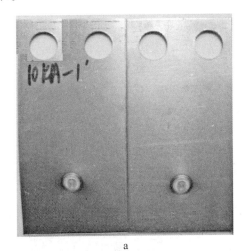

a

b

c

d

图 4-1 点焊接头典型破坏模式

a—界面分离；b—焊核拔出（内）；c—焊核拔出（外）；d—基材撕裂

点焊接头的破坏模式与点焊电流有明显的相关性。从测试结果可以看出，点焊电流为 9kA 或 10kA 时，破坏模式基本上为界面分离；电流为 11kA 时，有两个试样的破坏模式是热影响区内焊核拔出，一个是热影响区外焊核拔出，还有一个是基材撕裂；当电流为 12kA 时，所有试样均为基材撕裂；当电流为 13kA 时，两个为热影响区外焊核拔出，另外两个为基材撕裂。从上述测试结果可以得出如下结论：电流小于 11kA 时，点焊接头易发生界面分离破坏，当电流达到或超过 11kA 时，点焊接头趋向于发生焊核拔出或基材撕裂破坏。

点焊接头的破坏模式与极限载荷以及焊点周围基材的变形量（转动）也存在明显的规律性：发生界面分离破坏的试样极限载荷和变形量较小；发生热影响区内焊核拔出破坏的试样，其极限载荷和变形量有所增加；发生热影响区外焊核拔出和基材撕裂破坏的试样，其极限载荷和变形量最大。破坏模式与点焊电流及极限载荷的对应关系见图 4-2。

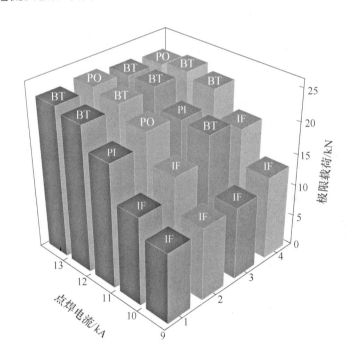

图 4-2　点焊接头破坏模式与点焊电流及极限载荷的对应关系

IF—界面分离；PI—热影响区内焊核拔出；

PO—热影响区外焊核拔出；BT—基材撕裂

点焊接头的破坏模式与极限载荷位移、极限载荷吸收功、总位移、总吸收功等参数之间的对应关系基本上遵循如下规律：界面分离破坏，相应的参数值较小；焊核拔出和基材撕裂破坏，相应的参数值较大。尤其是基材撕裂破坏模式，对应的总位移和总吸收功远远高于其他破坏模式，这显然与基材撕裂过程有关。

4.2.2 点焊接头冲击性能与焊接电流的关系

点焊接头的冲击性能通常用极限载荷、极限载荷位移和极限载荷冲击吸收功等参数表征，其中，极限载荷为实测结果，极限载荷位移和吸收功是根据冲击力的测量值计算的结果，因此，冲击力测量结果的准确与否决定了所有冲击性能评价参数的准确性。低碳钢点焊冲击性能评价参数与点焊电流之间的关系如图 4-3 所示。从图中可以看出，随点焊电流的增加，极限载荷、位移和冲击吸收功均逐渐增加，其中，极限载荷在电流接近 13kA 时达到最大，而极限载荷位移和冲击吸收功则还有增加的趋势。随着电流的继续增加，焊点将产生飞溅及其他缺陷，影响连接强度，导致极限载荷下降，最终导致吸收功也随之下降，因此，以极限载荷和吸收功作为判据，本低碳钢材料的最佳点焊电流应当在 13kA 左右为宜。

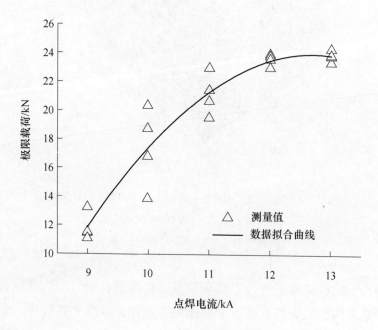

a

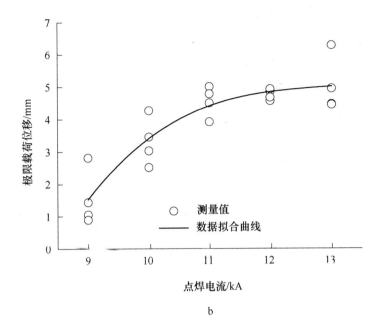

b

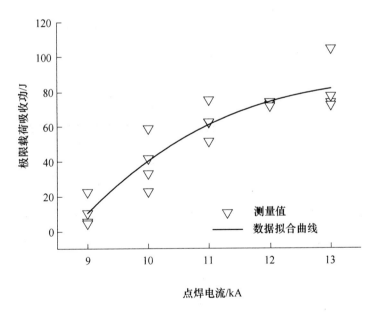

c

图4-3 冲击性能参数随点焊电流的变化关系

a—极限载荷；b—极限载荷位移；c—极限载荷吸收功

4.2.3 冲击力测量结果的可靠性评估

4.2.3.1 冲击力波形特征

测力传感器测量的典型冲击力波形如图 4-4 所示。其特征是开始阶段存

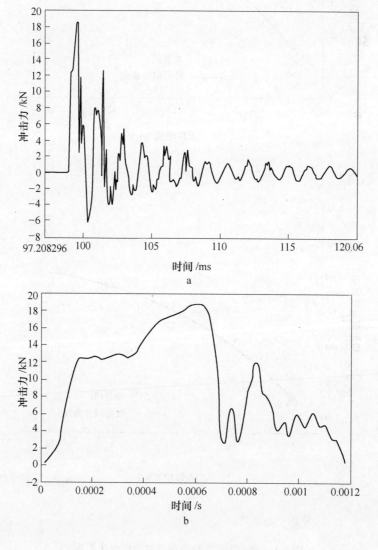

图 4-4 典型冲击力波形

a—完整波形；b—第一个波的放大图

在一个弹性加载过程，然后是塑性变形及微小破坏发生过程，此阶段冲击力继续上升。当冲击力达到最大值时，点焊接头发生实质性破坏，即出现较大开裂，冲击力开始迅速下降。上述冲击力迅速下降的原因可解释如下：当点焊接头出现较大开裂时，由试样、固定夹具和传感器组成的测试回路所累积的弹性变形瞬间释放，使与测力传感器连接的固定夹具发生回弹，从而导致传感器的输出迅速下降。上述回弹过程严重时可以使冲击力降为负值（测力传感器安装时施加一定的预紧力，因此可以测量压缩和拉伸力，冲击力为负值代表传感器受拉力）。随着点焊接头的破坏过程发展到完全断裂，冲击力降为零。随后，固定夹具及其上的试样金属片经历一个衰减震荡过程，冲击力也围绕零点呈现衰减震荡。

图 4-4 所示的冲击力波形对应的焊点破坏形式为界面分离或焊核拔出。对于基材撕裂破坏的情况，典型的冲击力波形如图 4-5 所示，冲击力达到峰值后，点焊接头发生破坏，冲击力迅速下降，并且因接头破坏引起固定夹具回弹，导致冲击力出现负值（对测力传感器而言是拉力）；然后，接头及基材继续破坏，随着基材撕裂过程的进展，冲击力在零点之上波动，直至点焊接头完全断裂分离，固定夹具及其上的试样金属片开始做衰减震荡，冲击力逐渐趋于零。上述两种波形对应的破坏过程持续的时间差别巨大，界面分离

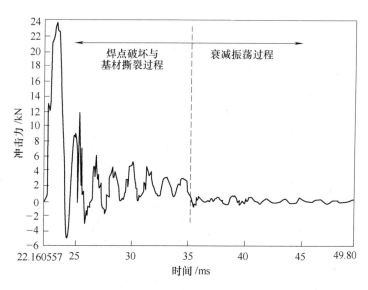

图 4-5　发生基材撕裂破坏的冲击力波形

或焊核拔出破坏持续的时间约 1ms，而基材撕裂持续的时间达 35ms。

以上分析表明，本试验机的冲击力测量结果可以描述点焊接头的破坏过程，符合不同破坏模式的特征，从定性的角度看，测量结果是可信的。

4.2.3.2 传感器测量结果与应变片测量结果的比较

如前文所述，本试验机还可以利用应变片测量试样金属片的弹性应变，并根据式（3-3）计算得到焊点受到的冲击力，如果测力传感器和应变片的测量结果都是正确的，则两种方法测量得到的冲击力应当具有可比性。如图 4-6

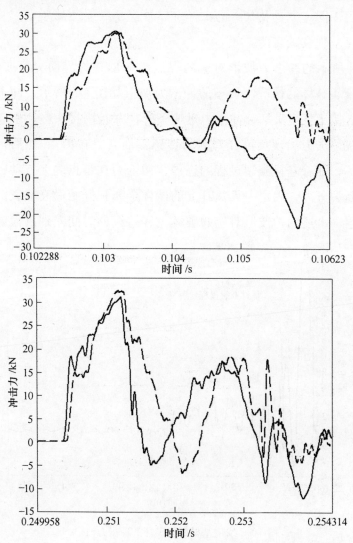

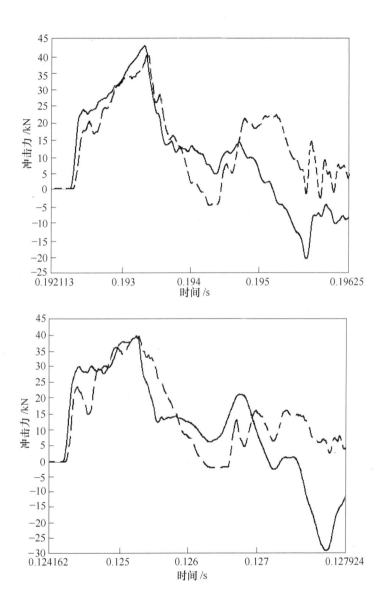

图 4-6 应变片与测力传感器测量信号的比较

——应变片信号；– – –力传感器信号

所示为两种方法测量结果的比较（四组测试，试样为 DP980 材料，破坏模式为焊核拔出），可以看出，两种方法测量的波形符合得比较好，说明二者均正确测量了冲击过程中冲击力的变化情况，所得冲击力测量结果是可靠的。

4.2.3.3 冲击功计算结果比较

如前文所述，本试验机可以根据实测的摆锤摆角计算得到总冲击吸收功，也可以根据测量的冲击力计算得到总吸收功，具体计算方法见第 3 章第 3.9 节。上述两种方法的计算结果是否相符，可以作为验证冲击力测量结果准确性的一个判据。如图 4-7 所示为 DP980 试样采用两种方法计算得到的总冲击吸收功的比较，可以看出，两种方法计算的吸收功变化趋势基本相同，误差在 15% 以内。只有一个数据点误差较大，仔细研究冲击后的试样发现，该试样与夹具之间发生了打滑，安装孔外侧出现了变形，如图 4-8 所示。上述打滑应当是造成测量结果误差较大的一个因素。20 个低碳钢试样总冲击吸收功的对比如图 4-9 所示，从图中可以看出，总吸收功随电流的增加而增加，并且发生基材撕裂破坏的总吸收功远高于其他破坏模式的吸收功，这显然是撕裂过程位移较大导致的结果。对于低碳钢试样，除个别点外，两种方法计算的误差在 20% 以内，吸收功的变化规律基本相同。电流为 12kA 的第 2 号试样误差较大，测试后发现仍出现打滑现象，安装孔外侧变形严重，见图 4-10。9kA 第 4 号试样的误差也比较大，冲击后试样并未发现打滑现象，可能是冲击功比较小的原因。

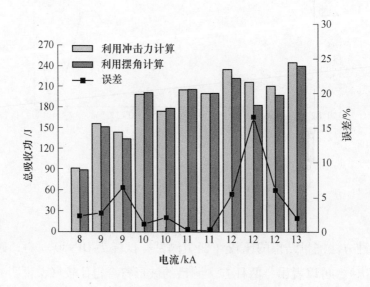

图 4-7 两种方法测量的总吸收功

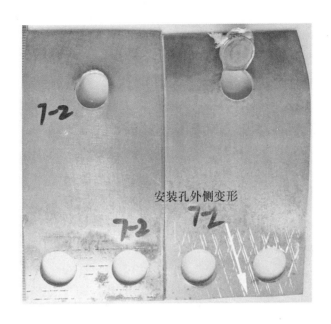

图 4-8   DP980 试样安装孔外侧变形

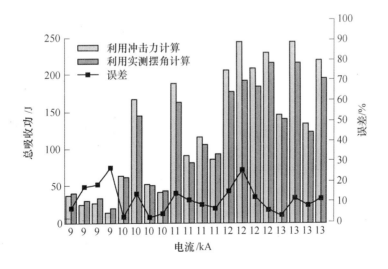

图 4-9   低碳钢试样总吸收功对比

上述对比结果表明，本试验机利用测量的冲击力计算得到的总冲击吸收功与利用摆锤摆角计算的总冲击吸收功基本上一致，能够反映冲击过程

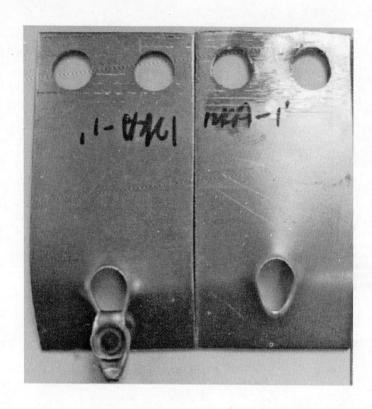

图 4-10 低碳钢试样安装孔外侧变形

中吸收功与电流和破坏模式的对应关系，说明冲击力的测量结果是可以信赖的。

4.2.3.4 摆锤最大摆角计算结果与测量值的比较

本试验机的数据处理系统可以利用测量的冲击力计算摆锤撞击中心的线速度，据此可以获得点焊接头断裂时刻摆锤质心的速度，已知该质心速度，可根据能量守恒原理按式（4-1）计算摆锤所能摆动的最大角度：

$$\frac{1}{2}m\left(\frac{l_{c}}{l_{p}}v\right)^{2} = mgl_{c}(1 - \cos\theta) \tag{4-1}$$

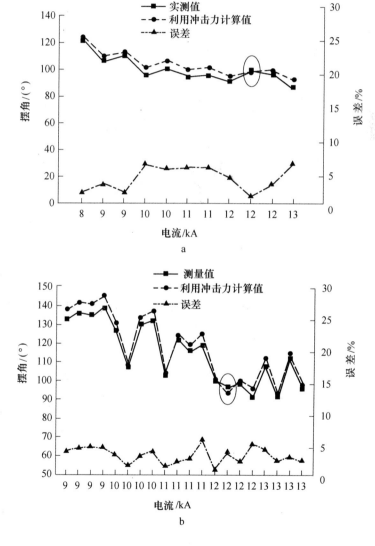

式中　v——点焊接头断裂时刻摆锤撞击中心的线速度，m/s；

　　　θ——摆锤的最大摆角，rad；

　　　l_c——摆锤质心到摆轴的距离，m。

根据式（4-1）计算得到的摆锤角度与编码器或角度刻度盘读出的角度是否相符，可以作为检验冲击力测量结果以及数据处理算法是否正确的判据。图 4-11 所示为上述最大摆角的计算和测量结果。从图中

图 4-11　计算摆角和测量摆角的比较

a—DP980 试样；b—低碳钢试样

可以看出，计算值和测量值误差在 5% 左右，且二者变化趋势基本上一致，说明冲击力的测量结果及数据处理的计算方法是正确的。从图 4-11 中还可以发现一个有趣的现象，就是利用冲击力计算得到的摆角均大于实测的摆角（只有个别数据点例外，而这些例外的数据点正是那些发生试样打滑的测试结果）。如果这一现象确实存在，则说明上述计算方法或测量数据存在一个系统误差，这个问题需要进一步证实和研究。

4.2.4 点焊接头静态和冲击承载能力

图 4-12 所示为 DP980 试样冲击峰值载荷测试结果及其与静态拉伸峰值载荷的对比。图 4-12 还标明了焊点破坏模式以及焊点破坏后观察到的飞溅情况。在所考察的电流范围内，DP980 点焊接头的静态拉伸和拉伸冲击极限载荷均随电流的增加而增加，冲击峰值载荷均高于静态拉伸峰值载荷，其比率约为 1.5。上述测量结果反映了应变速率的影响。

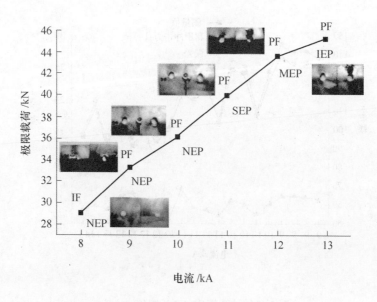

a

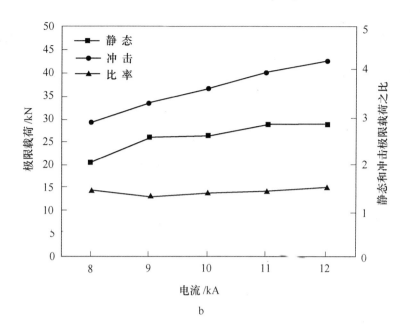

b

图 4-12 DP980 静态和冲击峰值载荷及其对比

a—拉伸冲击峰值载荷；b—静态和冲击峰值载荷对比

IF—界面分离；PF—焊核拔出；NEP—无飞溅；SEP—轻微飞溅；

MEP—中度飞溅；IEP—强烈飞溅

5 结 论

（1）利用标准摆锤冲击试验机，通过对其摆锤进行改造以及重新设计冲击夹具，可以得到适用于点焊试样拉伸冲击的试验机，并且可以满足拉伸-剪切和拉伸-剥离两种加载模式的冲击测试。

（2）利用应变片测量的弹性应变计算得到的冲击力与测力传感器测量的冲击力相符合，说明两种方法都准确地测量了冲击力，测量结果具有可信性。

（3）利用冲击力计算的摆锤最大剩余摆角和总冲击吸收功，与实测的摆锤摆角和利用摆角计算的总吸收功具有可比性，进一步证明所测得的冲击力是准确、可靠的，数据处理的各种算法是正确的。

（4）所开发的焊接夹具、试样安装夹具、试样安装孔钻模等辅助装置，有效地保证了测试结果的可靠性，减小了数据的分散性，提高了测试效率，降低了测试成本。

（5）针对低碳钢和 DP980 点焊试样的测试结果，反映了峰值载荷、峰值载荷位移、峰值载荷吸收功、总位移以及总吸收功随点焊电流以及焊点破坏模式变化的规律，冲击力波形符合各种点焊接头破坏发生的过程，静态和冲击测试结果对比表现出应变速率效应，说明本试验机的测试结果是合理的，可以用于点焊接头冲击性能评价。

（6）冲击测试过程中试样与夹具打滑对测试结果有很大影响，因此，在冲击夹具的设计上要有效保证试样不打滑。

（7）本试验机还有很多需要改进的地方，比如还不能实现十字拉伸（或 U 形拉伸）和复合载荷冲击测试，不能实现多种冲击速度，冲击能量较小，减小焊点开裂后夹具的回弹惯性等。

参 考 文 献

[1] Chao Y J. Failure mode of spot welds: interfacial vs. pullout[J]. Science and Technology of Welding and Joining, 2003, 8(2): 133~137.

[2] Chao Y J. Ultimate strength and failure mechanism of resistance spot weld subjected to tensile, shear, or combined tensile/shear loads[J]. Journal of Engineering Materials and Technology, 2003, 125(2): 125~132.

[3] Choi H S, Park G H, Lim W S, et al. Evaluation of weldability for resistance spot welded single-lap joint between GA780DP and hot-stamped 22MnB5 steel sheets[J]. Journal of Mechanical Science and Technology, 2011, 25(6): 1543~1550.

[4] Dancette S, Fabrègue D, Massardier V, et al. Experimental and modeling investigation of the failure resistance of advanced high strength steels spot welds[J]. Engineering Fracture Mechanics, 2011, 78(10): 2259~2272.

[5] Pouranvari M, Marashi S P H. Failure mode transition in AHSS resistance spot welds. Part I: Controlling factors[J]. Materials Science and Engineering: A, 2011, 528(29~30): 8337~8343.

[6] Pouranvari M, Ranjbarnoodeh E. Resistance spot welding characteristic of ferrite-martensite DP600 dual phase advanced high strength steel. Part II: Failure mode[J]. Applied Sciences, 2011, 15(11): 1527~1531.

[7] Pouranvari M, Ranjbarnoodeh E. Resistance spot welding characteristic of ferrite-martensite DP600 dual phase advanced high strength steel. Part III: Mechanical properties[J]. Applied Sciences, 2011, 15(11): 1521~1526.

[8] Pouranvari M, Mousavizadeh S M, Marashi S P H, et al. Influence of fusion zone size and failure mode on mechanical performance of dissimilar resistance spot welds of AISI 1008 low carbon steel and DP600 advanced high strength steel[J]. Materials & Design, 2011, 32(3): 1390~1398.

[9] Pouranvari M, Ranjbarnoodeh E. Dependence of the fracture mode on the welding variables in the resistance spot welding of ferrite-martensite DP980 advanced high-strength steel[J]. Materials and technology, 2012, 46(6): 665~671.

[10] Song J H, Huh H. Failure characterization of spot welds under combined axial-shear loading conditions[J]. International Journal of Mechanical Sciences, 2011, 53(7): 513~525.

[11] Zhou M, Hu S J, Zhang H. Critical specimen sizes for tensile-shear testing of steel sheets[J]. Welding Research Supplement, 1999: 305~313.

[12] Bayraktar E, Kaplan D, Schmidt F, et al. State of art of impact tensile test (ITT): its historical development as a simulated crash test of industrial materials and presentation of new "duc-

tile/brittle" transition diagrams[J]. Journal of Materials Processing Technology, 2008, 204 (1 ~ 3): 313 ~ 326.

[13] Bayraktar E, Kaplan D, Grumbach M. Application of impact tensile testing to spot welded sheets[J]. Journal of Materials Processing Technology, 2004, 153 ~ 154: 80 ~ 86.

[14] Bayraktar E, Kaplan D, Buirette C, et al. Application of impact tensile testing to welded thin sheets[J]. Journal of Materials Processing Technology, 2004, 145(1): 27 ~ 39.

[15] Chao Y J, Carolina S, Wang K, et al. Dynamic failure of resistance spot welds-issues, problems and current research[J]. Science And Technology, 2008: 2 ~ 4.

[16] Chao Y J, Wang K, Miller K W, et al. Dynamic separation of resistance spot welded joints. Part Ⅰ: Experiments[J]. Experimental Mechanics, 2009, 50(7): 889 ~ 900.

[17] Wang K, Chao Y J, Zhu X, et al. Dynamic separation of resistance spot welded joints. Part Ⅱ: Analysis of test results and a model[J]. Experimental Mechanics, 2009, 50(7): 901 ~ 913.

[18] Chao Y J, Kim Y. Dynamic Spot Weld Testing Final Report (Draft-1, September 29, 2007) [C]. Prepared for Committee on Strain Rate Characterization Auto/Steel Partnership, 2007.

[19] Study of Dynamic performance of Advanced High Strength (AHSS) Resistance Spot-Welds[C]. Dissertation by Amir Ali Rahim Pour Shayan, The University of Toledo, 2006.

[20] Sun X, Khaleel M A. Dynamic strength evaluations for self-piercing rivets and resistance spot welds joining similar and dissimilar metals[J]. International Journal of Impact Engineering, 2007, 34(10): 1668 ~ 1682.

[21] Totemeier T C, Simpson J A, Tian H. Effect of weld intercooling temperature on the structure and impact strength of ferritic-martensitic steels[J]. Materials Science and Engineering: A, 2006, 426(1 ~ 2): 323 ~ 331.

[22] Langrand B, Markiewicz E. Strain-rate dependence in spot welds: Non-linear behaviour and failure in pure and combined modes Ⅰ/Ⅱ[J]. International Journal of Impact Engineering, 2010, 37(7): 792 ~ 805.

[23] High-Strength Steel Joining Technologies Project[R]. Automotive Lightweighting Materials. FY 2004 Progress Report, 2004: 327 ~ 334.

[24] Feng Z, Simmovic S. Impact Modeling and Characterization of Spot Welds[R]. FY 2006 Progress Report, 2006: 203 ~ 207.

[25] Temperature Effect on Impact Performance Advanced High-Strength Steel (AHSS) Welds[R]. A/SP Joining Technologies Committee Report. www. a-sp. org.

[26] An Investigation of Resistance Welding Performance of Advanced High-Strength Steels[R]. A/SP Project Report. www. a-sp. org.

[27] Yang H G, Zhang Y S, Lai X M, et al. An experimental investigation on critical specimen sizes of high strength steels DP600 in resistance spot welding[J]. Materials & Design, 2008, 29

(9): 1679~1684.

[28] Yang H G, Zhang Y S, Lai X M, et al. Relationship between quality and attributes of elliptical spot welds of high strength steel[J]. Journal of Shanghai Jiaotong University (Science), 2008, 13(6): 734~738.

[29] Khan M I, Kuntz M L, Zhou Y. Effects of weld microstructure on static and impact performance of resistance spot welded joints in advanced high strength steels[J]. Science and Technology of Welding and Joining, 2008, 13(3): 294~304.

[30] Baltazar Hernandez V H, Kuntz M L, Khan M I, et al. Influence of microstructure and weld size on the mechanical behaviour of dissimilar AHSS resistance spot welds[J]. Science and Technology of Welding and Joining, 2008, 13(8): 769~776.

[31] Zhang H Y, Senkara J. Resistance Welding: Fundamentals and Applications[M]. CRC Press Taylor & Francis Group, 2006.

[32] Khan M I. Spot Welding of Advanced High Strength Steels[D]. Master thesis, the University of Waterloo, 2007.

[33] Fernie R, Warrior N A. Impact test rigs for high strain rate tensile and compressive testing of composite materials[J]. Technical note, Strain, 2002, 38: 69~73.

[34] Den Uijl N, Okada T, Moolevliet T, et al. Performance of resistance spot-welded joints in advanced high-strength steel in static and dynamic tensile tests[J]. Welding in the World, 2012, 56(7~8): 51~63.

[35] kumagai K, Hayashi S, Ohno T. Rupture Modeling of Spot Welds under Dynamic Loading for Car Crash FE Analysis[C]. LS-DYNA Anwenderforum, Frankenthal, B-I-17-24, 2007.

[36] Arcan M, Hashin Z, Voloshin A. A method to produce uniform plane-stress states with applications to fiber-reinforced materials[J]. Experimental Mechanics, 1978, 35: 141~146.

[37] Langrand B, Combescure A. Non-linear and failure behaviour of spotwelds: a "global" finite element and experiments in pure and mixed modes I / II [J]. International Journal Solids and Structures, 2004, 41: 6631~6646.

[38] Metz R. Impact and drop testing with ICP force sensors[J]. Sound and Vibration, 2007: 18~20.

[39] Lin S-H, Pan J, Wu S, et al. Failure loads of spot weld specimens under impact opening and shear loading conditions[J]. Experimental Mechanics, 2004, 44(2): 147~157.

[40] Lucon E, Scibetta M, McColskey D, et al. Influence of Loading Rate on the Calibration of Instrumented Charpy Strikers[R]. Open Report of the Belgian Nuclear Research Centre, SCK · CEN-BLG-1062, 2009.

[41] Cha C S, Chung J O. An experimental study on the axial collapse characteristics of hat and double hat shaped section members at various velocities[J]. KSME International Journal, 2004, 18(6): 924~932.

［42］ Oscar P, Eduardo R L. Impact Performance of Advanced High Strength Steel Thin-Walled Columns［J］. Proceedings of the World Congress on Engineering, Vol Ⅱ WCE 2008, July 2 ~ 4, 2008, London, U. K.

［43］ Sato K, Inazumi T, Yoshitake A, et al. Effect of material properties of advanced high strength steels on bending crash performance of hat-shaped structure［J］. International Journal of Impact Engineering, 2013, 54: 1 ~ 10.

［44］ Ha J, Huh H, Song J H, et al. Prediction of failure characteristics of spot welds of DP and trip steels with an equivalent strength failure model［J］. International Journal of Automotive Technology, 2013, 14(1): 67 ~ 78.

［45］ Zhang X, Liu B. Strength Analysis and Simulation of Multiple Spot-Welded Joints［C］. Proceedings of the SEM Annual Conference, Albuquerque New Mexico USA, 2009.

［46］ Booth G, Olivier C, Westgate S, et al. Self-Piercing Riveted Joints and Resistance Spot Welded Joints in Steel and Aluminium［R］. SAE Technical Paper 2000-01-2681, 2000, doi: 10. 4271/2000-01-2681.

［47］ 孙占刚, 刘慕双, 张澎湃. 冲击试验机摆锤的设计与检验［J］. 机械设计与制造, 2006, 12: 117 ~ 119.

RAL · NEU 研究报告

（截至 2015 年）

No. 0001 大热输入焊接用钢组织控制技术研究与应用

No. 0002 850mm 不锈钢两级自动化控制系统研究与应用

No. 0003 1450mm 酸洗冷连轧机组自动化控制系统研究与应用

No. 0004 钢中微合金元素析出及组织性能控制

No. 0005 高品质电工钢的研究与开发

No. 0006 新一代 TMCP 技术在钢管热处理工艺与设备中的应用研究

No. 0007 真空制坯复合轧制技术与工艺

No. 0008 高强度低合金耐磨钢研制开发与工业化应用

No. 0009 热轧中厚板新一代 TMCP 技术研究与应用

No. 0010 中厚板连续热处理关键技术研究与应用

No. 0011 冷轧润滑系统设计理论及混合润滑机理研究

No. 0012 基于超快冷技术含 Nb 钢组织性能控制及应用

No. 0013 奥氏体-铁素体相变动力学研究

No. 0014 高合金材料热加工图及组织演变

No. 0015 中厚板平面形状控制模型研究与工业实践

No. 0016 轴承钢超快速冷却技术研究与开发

No. 0017 高品质电工钢薄带连铸制造理论与工艺技术研究

No. 0018 热轧双相钢先进生产工艺研究与开发

No. 0019 点焊冲击性能测试技术与设备

No. 0020 新一代 TMCP 条件下热轧钢材组织性能调控基本规律及典型应用

No. 0021 热轧板带钢新一代 TMCP 工艺与装备技术开发及应用

（2016 年待续）